Ghislain Agoum Tikeng

Gestion des forêts communautaires et processus REDD+ au Cameroun

Ghislain Agoum Tikeng

Gestion des forêts communautaires et processus REDD+ au Cameroun

Les populations forestières à l'épreuve de la gouvernance REDD+

Presses Académiques Francophones

Imprint
Any brand names and product names mentioned in this book are subject to trademark, brand or patent protection and are trademarks or registered trademarks of their respective holders. The use of brand names, product names, common names, trade names, product descriptions etc. even without a particular marking in this work is in no way to be construed to mean that such names may be regarded as unrestricted in respect of trademark and brand protection legislation and could thus be used by anyone.

Cover image: www.ingimage.com

Publisher:
Presses Académiques Francophones
is a trademark of
International Book Market Service Ltd., member of OmniScriptum Publishing Group
17 Meldrum Street, Beau Bassin 71504, Mauritius

Printed at: see last page
ISBN: 978-3-8416-3695-9

DEDICACE

A ma famille pour m'avoir toujours montré le bon chemin,

plus spécialement à mes parents **AGOUM Anabel, MBOUNDA Julienne** et à ma tante **TCHINDA Lydie.**

REMERCIEMENTS

Avant toutes lectures de ce document, je tiens à remercier les personnes qui ont d'une manière ou d'une autre contribué à la réalisation de ce travail.

La REDD est une thématique aussi complexe, vaste, qu'intéressante. Se focaliser sur un tel sujet, le traiter et le développer pendant plusieurs mois étaient loin d'être évident. Pour cela, je souhaiterais remercier mon encadreur académique **Pr. TSALEFAC Maurice** pour sa rigueur, sa disponibilité et sa patience dans la conduite de mes premiers pas dans la recherche qui m'a permis d'organiser les idées, selon une démarche scientifique afin de répondre à une problématique de l'heure.

Je dois également ce travail à **Pr. KUETE Martin**, le chef de Département de Géographie pour avoir occasionné cette recherche par son séminaire sur les changements climatiques et de m'avoir inculqué le sens aiguisé de la recherche par sa soif intarissable de donner à notre formation un label qualité.

Au moment où ce travail s'achève je voudrais exprimer mes chaleureux remerciements à l'endroit de tous ceux qui, de près ou de loin ont contribué à sa réalisation. Je ne pourrais oublier **M. Jean AVIT KONGAPE** qui m'a chaleureusement accueilli et encadrer pendant mon stage au MINFOF.

Un grand merci à **Denis SONWA** (CIFOR), **NANKIA Hilarion** (MINFOF), **TADOUM Martin** (COMIFAC), **Samuel Nnah Ndobe** (CED), **Moïse TSAYEM DEMAZE** (Université du Maine), **AMOUGOU Etienne** (COVIMOF) pour leur aide précieuse et le partage de leur expertise.

Toute ma gratitude et ma reconnaissance vont à l'endroit de tous les enseignants du Département de Géographie de l'Université de Dschang, des étudiants de master II auprès de qui j'ai pu recueillir aisément des informations précieuses, mais aussi ressentir le bonheur d'appartenir à une équipe. Une mention particulière à la doctorante **LEMOUEGUE Joséphine** pour son apport intellectuel à la réussite de ce travail.

Je salue **MELATAGUIA KEGAH Christelle** qui, par sa bienveillance et son soutien, m'a permis de mener les recherches dans les conditions morales comme matérielles, des plus satisfaisants.

Aux familles **NGOUANFOUO, WATIO, DASSE, FOUOCHONG, KEGAH** et **TCHOFFOUO** pour leur hospitalité et leur soutien.

A Mes frères et sœurs :, **AGOUM TIWA Carlie F., NGOUANFOUO Bostel, AGOUM TCHINDA Willy G., TCHINDA Bertaud** , pour le soutien multidimensionnel et l'amour qu'ils témoignent sans cesse à mon égard.

A Mon camarade de promotion **KINKEU Georges,** pour les éhanges constants d'idées.

A Tous mes amis et proches pour leur assistance morale et leur compagnie au quotidien qui m'ont toujours reconfortées et encouragées dans la réalisation de ce travail.

Et tous ceux qui m'ont soutenu et ont contribué à la réalisation de ce travail de près ou de loin dont le nom ne figure pas ici, je vous prie de trouver ici l'expression de ma profonde gratitude.

SOMMAIRE

LISTE DES ABREVIATIONS

ANAFOR : Agence nationale de Développement forestier.

AWG-LCA : Groupe de travail spécial sur l'action coopérative à long terme (GTS-ALT).

BNC : Brigade Nationale de Contrôle

BAU : Business As Usual (comme d'habitude)

CED : Centre pour l'Environnement et le Développement

CIFOR : Centre International pour la Recherche Forestière

COVIMOF : Communauté Villageoises Melombo, Okékat et Faékélé.

COMIFAC : Commission des Forêts d'Afrique Centrale.

CCBA : Alliance climat, communauté et biodiversité

COP : Conférence des Parties.

CCNUCC : Convention Cadre des nations Unies pour les changements Climatiques.

FAO : Programme des Nations Unies pour le Développement et l'agriculture

FPIC : Free and Prior Informed Consent (Consentement préalable, libre et informé)

FC : forêt communautaire

GDF : Gestion Durable des Forêts

GIEC : Groupe intergouvernemental d'experts sur le changement climatique

LUCUF : Utilisation des sols, changements d'affectation des sols et foresterie.

INC : Institut National de la Cartographie

INS : Institut National de la Statistique

OMD : Objectif millénaire pour le développement

OI : Organisation Internationale

ONACC : Observatoire nationale sur le changement climatique

PNUD : Programme des Nations Unies pour le Développement

PSE : Paiement sur Services Environnementaux

PANLCD : plan d'action national de lutte contre la désertification

RED : Réduction des émissions liées à la déforestation

REDD : Réduction des émissions liées à la déforestation et au déboisement

REDD+ : Réduction des émissions liées à la déforestation et au déboisement

R-PIN : Readiness plan Idea Note (Note d'information sur le projet de préparation)

R-PP : (Readiness Plan Proposal) Plan de préparation pour REDD

MDP : Mécanisme de Développement Propre

MINFOF : Ministère des Forêts et de la Faune

MINEP : Ministère de l'Environnement et de la protection de la Nature

MINADER : Ministère de l'Agriculture et du Développement Rural.

MINDAF : Ministère des Domaines et Affaires Foncières

MINFI : Ministère des Finances.

MINATD : Ministère de l'Administration Territoriale et de la Décentralisation

MINAS : Ministère des affaires sociales.

MRV : Mesure Rapportage Vérification.

NR : Niveau de référence

NRE : Niveaux de référence des émissions

IUCN : Union Internationale pour la Conservation de la Nature

SBSTA : Subsidiary Body for Scientific and Technological Advice (Organe subsidiaire de conseil scientifiqueet technologique)

UTCF : Utilisation des terres, leurs changements et la forêt

VCS : Voluntary Carbon Standard

ONG : Organisation non gouvernementale

MDP : Mécanisme de développement propre

MOC : Mise en œuvre conjointe

MRV : Mesure, rapportage, vérification (Système de)

NAMAs : Nationally Appropriate Mitigation Actions (Actions d'atténuation appropriées au niveau national

WWF: World Wildlife Fund for Nature

WRI: World Resources Institute

LISTE DES FIGURES

LISTE DES TABLEAUX

LISTE DES PHOTOS

LISTE DES CARTES

LISTE DES GRAPHIQUES

« *Le programme REDD a pour fondement une idée simple qui plaît mais la traduire dans les faits est bien plus compliqué. Il nous faudra aborder bon nombre de questions ardues avant de pouvoir créer les mécanismes qui permettront d'exploiter pleinement le potentiel de la REDD...* »

Arild Angelsen, Bogor, Indonésie et Ås, Norvège, 30 novembre 2008

RESUME

Il est maintenant internationalement reconnu (bien qu'ignoré parfois) que le changement climatique a des effets disproportionnés sur les communautés vulnérables, notamment sur les populations autochtones riveraines des forêts (GIEC, 2007).Le mécanisme REDD prétend apporter à ces populations une amélioration des conditions de vie par la lutte contre la dégradation et la déforestation des écosystèmes forestiers. Au regard de l'importance que revêt la contribution du secteur forestier dans les pays en voie de développement, un nombre importants d'observateurs a pris l'initiative de proposer plusieurs mesures susceptibles de réduire de manière significative le taux de déforestation. D'où le terme Réduction des émissions liées à la déforestation et à la dégradation (REDD). Les populations affiliées au GIC COVIMOF dans l'arrondissement de Mbalmayo entendent faire partie de ce processus, mais sont heurtées à des obstacles méthodologiques et techniques émanant du fonctionnement la REDD+. D'où le thème « *les contraintes de gestion liées à l'application du futur mécanisme REDD+ dans les pays du Bassin du Congo : cas de la forêt communautaire GIC COVIMOF dans le département du Nyong et So'o* ». Son objectif principal est de contribuer à l'identification des contraintes de gestion pour la mise en œuvre du futur mécanisme REDD+ (scénario de référence, non additionnalité, fuites et non permanence) en vue de l'élaboration d'un cadre socioéconomique, politique et institutionnel apte à réguler la mise en œuvre de la REDD+.

Pour atteindre cet objectif, nous avons émis comme hypothèse principale que les contraintes de gestion liées à l'application de la REDD+ peuvent être identifié au niveau des facteurs politiques, institutionnels et socioéconomiques qui influencent le mode de fonctionnement de la forêt communautaire et par conséquent la qualité de vie des populations du GIC COVIMOF. Pour mener à bien cette étude, nous avons articulé le travail à 5 niveaux. Le chapitre I présente l'état de la forêt COVIMOF et son potentiel à établir un scénario de référence. Les données de terrains ont permis de recenser les aspects physique et humain qui peuvent influencer l'application du REDD+. Ensuite, l'analyse des stratégies des acteurs dans le fonctionnement de la forêt communautaire comme source de non additinnalité au chapitre II a débouché sur un constat mitigé. Celui des politiques et mesures incitatives qui légitiment l'accès à la ressource et constituent une cause de fuites (chapitre III). Le chapitre IV de notre étude présente les différentes formes de contrôle institutionnel et les conflits y afférant qui peuvent inhiber la permanence des activités REDD+. Enfin le chapitre V propose l'atténuation des faiblesses politiques sociales et économiques que devrait prendre en compte l'organe subsidiaire du conseil scientifique et méthodologique sous réserve du respect de la souveraineté des Etats fragiles comme le Cameroun. C'est un travail de 193 pages qui comporte 20 tableaux, 15 figures 9 photos et 5 graphiques et 5 cartes.

ABSTRACT

Reducing Emissions from Deforestation and Forest Degradation (REDD) in developing countries is a new financial mechanism that is being proposed for the post-2012 climate change regime under the auspices of the United Nations Framework Convention on Climate Change (UNFCCC). Successful agreement on a future REDD mechanism in developing countries will depend on several Key design elements of a REDD mechanism that need to be agreed upon, and are likely to have implications for good governance. Despite of the potentials for REDD in community forestry, there are several challenges that should be address to achieve benefit. These challenges are associated with capacity to measure a carbon stock. We have going to establish baselines/reference levels that include precision in measure carbon issues, Additionality issue, Leakage Issue and Permanence Issue.

This study examines risk of community management tools to implement REDD project. It attempt to do an analysis assessment of compulsions and opportunities which can be resolved, both at the design and implementation local level. It discusses potential biodiversity implications of different REDD design options of Forests and Enhancement of Forest Carbon Stocks (REDD+). The case of COVIMOF community people forest is without to call. We proposed a difficult framework and human and physical strong aspect that's including in forest management mechanism.

In fact, stakeholder's strategies using forests resources, incentives measures and public policies, tools of control activities and resolution conflicts rules are concerned. Those elements contribute to evaluate implementation REDD+ activities in a local governance context. Solution are been taken according to juridical, political and socio economic aspects by acting on the both construction of methodology and technical bodies reforms.

Key Words: REDD mechanism implementation, community forest, baselines/reference levels, additionnality, leakages, permanence and local forest governance

I- CONTEXTE DE L'ETUDE

1- Définition du sujet

L'entrée en vigueur du protocole de Kyoto en 2005 a pu dégager des nouvelles formes d'atténuation des changements climatiques. Celle du MDP (Mécanisme pour un Développement Propre), plus particulièrement le MDP forestier illustre la mesure de l'investissement vert, le business de l'écologie forestière. Cette mesure atténue les effets du changement climatique grâce à la conservation et à la séquestration du carbone. Cependant, le MDP n'autorise que deux mesures concernant les forêts : les mesures de reboisement et de boisement. *« Les interventions visant à réduire les émissions dues au déboisement et à la dégradation des forêts en sont donc exclues»* (TFD 2008).

Depuis 2007, suite à la conférence de Bali, en Indonésie, une nouvelle approche REDD+ associant forêt et climat ne cesse d'occuper la plume de la plupart des gestionnaires de l'environnement et des ressources naturelles. A ce titre, Sendashonga (2007) fait signaler que les mécanismes tels que le REDD+ ne signifient pas l'arrêt complet de l'exploitation des arbres. C'est un moyen de plus de reconnaître et d'apprécier à leur juste valeur les fonctions multiples de la forêt de manière à diversifier son exploitation et à assurer sa pérennité. Même avant le REDD+, la notion de gestion durable des forêts (SFM) reposait sur cette approche. Aujourd'hui *« l'élément nouveau qui introduirait le mécanisme REDD+ dans la gestion durable des forêts serait de donner la possibilité à un pays de faire le choix d'arrêter ou de réduire considérablement l'exploitation forestière, au profit du stockage du carbone, pour autant que le manque à gagner soit justement compensé par les financements que ce pays recevrait pour avoir mis à la disposition de toute l'humanité un puits de carbone pour atténuer les changements climatiques ».*

Pour y arriver, il sera question d'une part de savoir comment ces fonds REDD+ seront utilisés de la manière la plus efficace pour infléchir les politiques publiques de lutte contre la déforestation dans les Etats forestiers. Ces défis sont pour Héraud (2009) des gardes fous pour un encadrement de la REDD. Il s'agira de « *clarifier les régimes fonciers dans ces pays où la législation est souvent floue et changeante, et où il est parfois plus faciles de négocier la propriété en déboisant. Sans parler de la régulation de l'exploitation forestière... »*.

En effet, les forêts du Bassin du Congo et les forêts tropicales humides en général suscitent de plus en plus d'intérêt en raison du rôle majeur qu'elles peuvent jouer dans l'atténuation du changement climatique et à travers la réduction des quantités importantes de gaz à effet de serre rejetées dans l'atmosphère à cause du déboisement et de la dégradation des forêts. Selon la World Resources Institute (WRI), les forêts tropicales couvrent environ 7 à 10 % de la superficie des terres de la planète alors qu'elles stockent un volume important du carbone mondial dans la végétation terrestre.

La forêt communautaire du GIC COVIMOF N°22 réservée sous N°0453 / L / MINEF / DF/ SDIAF/ SA du 17 février 1999 a été créée dans un contexte de carence en infrastructures socioéconomiques de base (absence d'écoles, problèmes d'accès à l'eau potable, électrification rurale…etc.). C'est un espace communautaire composé de 08 villages : MELOMBO, OKEKAT, FAKELE 1, FAKELE 2, AYOS, AKAK, AKOMNYADA 1, et AKOMNYADA 2. Cette pluralité d'entités villageoises gravite autour d'un massif forestier commun d'une superficie de 5000ha, la FC COVIMOF. Autant de villages, autant d'intérêts divergents que de conflits liés à l'accès à la ressource.

En effet, cette étude intitulée **contraintes de gestion liées à l'application du futur mécanisme REDD+ dans les forêts du bassin du Congo** nous donne l'occasion de se pencher sur la grande problématique de la gouvernance forestière au Cameroun. Les contraintes de gestion sont perçues comme des obstacles méthodologiques et techniques qui retardent à la fois le fonctionnement du GIC et par conséquent inhibent la mise en œuvre des activités REDD+. Au sein des auspices de la CCNUCC, ces contraintes sont synonymes d'additionnalité, de fuites, de non permanence et de scénario de référence. Le degré d'implication et de participation (de chaque village ou de chaque individu à l'intérieur de la communauté), dans les mécanismes de prise des décisions influent sur les difficultés de partage des bénéfices qui en résultent. En outre la gestion foncière, le développement de l'agriculture, l'exploitation forestière durable ont toujours été considéré par les Etats forestiers en développement, comme des axes d'analyses à l'amélioration du cadre de vie des ruraux. Raison de plus d'expérimenter les principes méthodologiques de l'organe subsidiaire du conseil scientifique et technique (OSCST) liés à l'application de la REDD+ à l'intérieur d'une forêt communautaire.

Dans de nombreux pays, l'amélioration de la gouvernance forestière est une tâche énorme, mais on peut la rendre assez aisée en repérant les éléments les plus cruciaux pour assurer le succès de l'application de la mise en œuvre de la REDD+. La gestion communautaire des forêts est d'une portée plus large qu'on ne le pense habituellement. Si rien n'est fait pour préciser les facteurs de la déforestation /dégradation et officialiser les droits fonciers, pour revoir les systèmes de résolution des conflits et les mécanismes de contrôle des activités, les modes de planification de l'utilisation des sols, il serait incommode de parler de la REDD+ ; encore moins dans une situation d'absence de droit carbone. Il sera plutôt réaliste de développer des stratégies pour que les communautés forestières comme celle du GIC COVIMOF, et les autres groupes locaux profitent de la future application du mécanisme REDD+ et aient ainsi les moyens d'investir dans la gestion durable des forêts.

2- <u>Délimitation du sujet</u>

2-1 <u>Délimitation spatiale</u>
La forêt communautaire GIC (groupe d'initiative commune) COVIMOF (Communauté Villageoise Melombo, Okékat et Faekélé) est localisée dans le bassin du Congo. Notre étude se déroule dans l'arrondissement de Mbalmayo. C'est une forêt située entre 3°27'53'' et 3°32'53'' de latitude Nord et entre le 11°32'30'' et 11°37'2'' de longitude Est. Elle se trouve dans le Nyong et So'o l'un des neufs Départements que compte la région du Centre Cameroun. Mbalmayo est le chef-lieu du Département du Nyong et So'o qui compte huit Arrondissements.

En effet, « *d'après les études récentes et qui font autorités en la matière, ...la déforestation moyenne brute entre 1990 et 2005 est restée modeste, autour de 0,14 pour cent par an. Le recul des forêts se reproduit dans le centre du pays, c'est-à-dire en dehors des forêts de productions et des parcs nationaux, dans le domaine forestier non permanent où la population s'accroît rapidement et où la conversion des terres à l'agriculture est une possibilité légale reconnue.* » (TOPA et al, 2010). De plus, parmi les16 « points chauds » (hotspots) de la dégradation et de la déforestation identifiés en Afrique centrale en 1997 par le projet TREES, 4 sont situés au Cameroun. **La deuxième est la vaste région délimitée par les quatre villes que sont la capitale Yaoundé, Mbalmayo, Ebolowa, et Kribi, celle-ci en passe d'être défrichée pour être convertie à l'agriculture** (Dkamela, 2011). Ainsi, la forêt communautaire GIC COVIMOF situé à 15 km de Mbalmayo peut faire l'objet d'une attention particulière. Parce que non seulement, la perte de la couverture forestière, plus élevée sur le DFNP (Domaine Forestier Non Permanent) que sur le DFP (Domaine Forestier Permanent) indique que le zonage est en général respectée ; mais il est également suggéré qu'une stratégie de réduction des émissions doit avoir une attention particulière aux terres du DFNP, menacées par une conversion massive.

2-2 <u>Délimitation temporelle</u>

L'étude s'étalera sur les données cartographiques à partir de 1992. La thématique REDD est évolutive. Les documents liés aux changements climatiques seront plus focalisées sur la décision de Durban (COP 17, 2011). Le document relatif à la COVIMOF via son plan simple de gestion concerne les années d'après 1994 c'est-à-dire après la création de la forêt communautaire jusqu'aujourd'hui. Il serait donc intéressant de voir les différentes reconfigurations physiques et humaines autour de l'espace forestier COVIMOF.

II- <u>PROBLEMATIQUE</u>

« *Le secteur forestier du fait notamment de la globalisation des questions d'environnement, n'est plus l'objet exclusif des arrangements d'un cercle discret réunissant des spécialistes forestiers de l'administration ou des organisations internationales et une poignée d'entreprise connues de longue date* » (Karsenty, 2005). Le réchauffement planétaire a induit une conscience internationale, liés aux différents enjeux globaux parmi lesquels la crise du biocarburant, la bioénergie, la crise alimentaire et la gestion des ressources naturelles. Cette dernière considération repositionne la gestion des forêts sur des problématiques nouvelles.

En effet, cette situation particulière fait du débat climatique un cas d'école des questions de gouvernance internationale en matière d'environnement. Désormais, résoudre un problème lié à la gestion forestière se résumerait en une question de gouvernance ou de gestion (Trotignon, 2010). Depuis le plan d'action de Bali, les parties à la CCNUCC (Convention Cadre des Nations Unies pour les Changements Climatiques) ont adopté   une décision spécifique à la REDD (CCNUCC, 2008a, Décision 2/CP.13). Dans le « préambule », les parties « reconnaissent » que « les besoins des communautés locales et autochtones devront être pris compte dans toute décisions concernant la REDD »[1]. Ce qui implique un rôle crucial des populations forestières. L'OSCST a alors arrêté une liste de questions méthodologiques en attente de clarification. Ces questions concernent entre autre le niveau de référence, le contrôle et les estimations du changement de la couverture forestière, la garantie du renforcement des capacités etc. Elles peuvent se résumer en termes de conditions méthodologiques et techniques liées à l'application du mécanisme REDD+. L'expérience acquise en matière de gestion communautaire des forêts pourrait apporter des enseignements utiles à la mise en œuvre d'un guide méthodologique lié à l'implémentation de la REDD+.

Le cas de la gestion communautaire du GIC COVIMOF présente une grille de problèmes dont nous pouvons nous en prévaloir.

D'abord, la COVIMOF est un espace communautaire de 5000 hectares regroupant huit villages. Elle est située en zone périurbaine, à 12 Km de Mbalmayo et à 59 Km Yaoundé. Ce sont des villes d'évacuation des produits agricoles. Le GIC est également traversée par l'axe routier desservant Sangmélima. Les occupants sont pour la plupart des cultivateurs et sous scolarisés. Ils pratiquent une exploitation forestière en régie. Les jachères se succèdent au fil des années. Les techniques pastorales ne tiennent pas compte de la sylviculture. Le problème relève du fait que COVIMOF subit une pression démographique toutes azimuts.

Ensuite, la forêt communautaire a été créée à l'écart de certains villages. Une bonne frange de la population rejette l'idée de la forêt communautaire parce que : elle

---

[1] Cette décision n'est pas juridiquement contraignante pour les membres, puisqu'elle fait partie du préambule de la décision.

n'a jamais été associé au processus de création de la FC ; le partage de bénéfices ne s'est jamais fait suivant un consensus convenu ; l'exploitation de la forêt ne s'est focalisée que sur la ressource ligneuse, négligeant les autres ressources de la forêt (les produits forestiers non ligneux par exemple). Les réunions s'effectuent en l'absence des communautés. Parfois celles-ci sont présentes soit par eux même ou soit par leur représentant, mais l'information n'est pas relayée en retour. Le véritable problème ici est l'absence de partage des informations et la faible communication entre les différents groupes usagers.

Par ailleurs, plusieurs formations avaient été faites à l'endroit des communautés dans le cadre d'un projet de reboisement. Le principal problème qui s'est posé était celui du foncier, à savoir sur la terre de qui s'opérera le reboisement ? Le gestionnaire a dû mettre à disposition une portion de ces terres coutumière pour régler provisoirement ce problème. Mais la majorité de la population se méfiait de toute initiative venant de la COVIMOF. En plus, faute de ne rien percevoir, elles se sont tournées vers les activités agricoles. Il s'en est suivi une vague de création de GIC agricoles. En parallèle l'exploitation illégale se faisait de plus en plus ressentir. La cession des terres dans un espace pour la plupart des cas traditionnel est l'une des solutions de lutte contre la pauvreté.

D'autre part, La COVIMOF a longtemps été le lieu des activités forestières et agricoles. C'est une bande agro-forestière qui a constitué le centre d'intérêts de plusieurs sociétés d'exploitation forestière. Aujourd'hui, l'état de la ressource met en évidence la grande inquiétude sur les actions de reboisement communautaire. Malgré les stratégies de contrôle et de surveillance qui s'y opèrent, les modes de résolution des conflits ne produisent pas toujours satisfaction. Entre contrôle moderne et surveillance villageoise, se dresse un langage de sourds. La plupart des populations sont des agriculteurs et souhaitent passer le savoir-faire agricole à leurs futures générations. Les pratiques agricoles sont pour la plupart constituées de l'abattage des arbres, des feux de brousse et jachères. Ces habitudes culturales ne font l'objet d'aucun contrôle de la part de l'administration forestière.

Enfin, jusqu'à présent, le GIC n'a pas pu sortir de ces faiblesses de gouvernance locale. Le gestionnaire de la COVIMOF donne tort aux politiques et mesures en cours qui ne favorisent point la gestion des forêts communautaires.

En effet, au regard de ces constats, l'apport de la REDD+ peut être d'un grand secours aux populations de la COVIMOF. Puisqu'elle est présentée comme l'approche idoine qui permette simultanément aux populations forestières de lutter contre la pauvreté et de participer à la conservation des forêts. Elle interpelle les acteurs à aspirer aux comportements écologiques et à des nouvelles formes de gestion de l'espace et d'amélioration des conditions de vie (conscience environnementale, pratique agricole moderne, formation en sylviculture, accès au marché carbone etc.) *« A cela s'ajoute la nécessité pour les parties impliqués, de s'accorder sur les méthodologies d'inventaires et de clarifier plusieurs définitions et concepts dont ceux de la forêt »* (Simonet, 2011). A l'heure actuelle, La forêt communautaire GIC COVIMOF présente des difficultés internes et externes. Les pratiques agropastorales sont nourries par des intérêts et enjeux antagonistes. Les conflits entre les acteurs produisent un paysage inconfortable de gestion des activités.

De plus, la REDD+ exige des mutations profondes des politiques non seulement en raison des difficultés techniques inhérentes à la comptabilité carbone et à des défis d'ordre financiers et autres, mais aussi parce qu'elle interviendrait dans des pays dont la gouvernance, les lois foncières et la capacité de contrôle sont souvent faible. (Magnion, 2010). Le GIC COVIMOF est un destinataire de ces politiques. Dans ce contexte, la forêt GIC COVIMOF est désormais tournée à ces nouveaux défis de gestion forestière axés sur l'atténuation des changements climatiques. **Autrement dit, sera-t-il possible pour la COVIMOF de bénéficier des compensations financières liées aux efforts de lutte contre la déforestation évitée ?**

Etant donné que les pays en développement concernés comme le Cameroun n'ont pas réussi le MDP forestier, il serait impérieux de prendre des mesures innovantes. Les contraintes méthodologiques et techniques[2] liées à la réalisation des projets MDP forestier pourront dans le cadre du REDD+ être surmontées. Parce que par rapport au MDP forestier (boisement et reboisement), sa contribution au système de gouvernance

---

[2] Additionnalité, fuites, non-permanence, scénario de référence.

forestière est plutôt un échec. Seuls 8 projets ont été enregistrés sur près de 1900 (TFD, 2008). A l'heure actuelle, tous les projecteurs sont tournés vers la déforestation évitée. Il s'agit de réduire les émissions liés à la déforestation, afin d'avoir un paiement ; soit par fonds, soit par un marché carbone.

En effet, dans le cadre de notre étude, nous soutenons l'idée selon laquelle **L'identification des contraintes de gestion liées au fonctionnement des forêts communautaires devra permettre aux pays du Bassin du Congo de mobiliser les ressources financières afin d'appuyer les actions de réduction des émissions issus de la déforestation à travers une maitrise des exigences techniques et méthodologiques de l'application de la REDD+.**

Cette problématique à susciter une série de questions.

III- <u>QUESTIONS DE RECHERCHE</u>

- <u>Question principale</u>

Quelles sont les contraintes de gestion du GIC COVIMOF qui peuvent empêcher les communautés locales à bénéficier des compensations financières dues aux résultats des efforts réalisés dans les actions de réduction des émissions issues de la conservation, de l'amélioration des stocks de carbone et de la gestion durable des forêts dans le Bassin du Congo?

Plus précisément, on devra se poser une série de questions :

-<u>Questions spécifiques</u>

1-Quelles sont les **données d'activité** physiques et humains et **les facteurs d'émissions** qui traduisent historiquement la quantité de la déforestation **business as usual** ?

2- Quelles sont les acteurs et les motivations qui guident l'ensemble des pratiques dégradantes perçues comme obstacles à **l'additionnalité** des futures activités REDD+ à l'intérieur du GIC COVIMOF ?

3- Quels sont les éléments politiques et mesures institutionnelles qui justifient légitimement la plupart des actions des parties prenantes de nature à provoquer les **phénomènes de fuites** pendant l'application de la REDD+ ?

4-Les mécanismes de régulation de l'accès à la ressource forestière sont-ils de nature à lutter contre l'exploitation illégale des forêts et à contribuer à une gestion des **contraintes de non permanence** qu'impliquent les futures activités REDD+?

5 -Comment surmonter **les contraintes de fuites, de non additionnalité, de niveau de référence (baseline), de fuites et de non permanence liées à la mise en œuvre de la REDD+** au sein du GIC COVIMOF à travers la promotion des nouveaux cadres politique, institutionnel et socioéconomique qui répondent aux exigences du marché carbone ?

IV- <u>CONTEXTE SCIENTIFIQUE</u>

<u>L'apport des forêts dans le combat climatique : la reconsidération des activités de séquestration du carbone</u>

1-<u>Forêt, source de vie pour l'humanité</u>

Les forêts recouvrent un peu plus de 30% des terres émergées de la planète. Elles abritent les deux-tiers des espèces terrestres de plantes et d'animaux (**Banque Mondiale, 2008**).

Treize millions d'hectares de forêt disparaissent dans le monde chaque année, entraînant des dommages écologiques irrésistibles et menaçant le mode de vie des sociétés humaines qui en dépendent directement. Selon le World Resources Institute, 80% de la couverture forestière mondiale originelle a été abattue ou dégradée, essentiellement au cours des 30 dernières années. Pourtant, les forêts, sont des formations végétales indispensables à la vie sur terre. Ce sont des sources de nourriture, de refuge, de combustible, de vêtements et de médicaments pour de nombreuses populations. Ils jouent un rôle prépondérant dans la fixation du CO_2 que nous émettons massivement et qui perturbe dangereusement notre climat (40% du carbone terrestre est stocké dans la végétation et les sols des forêts).

En effet, L'association Rainforest Foundation estime que les forêts tropicales humides abritent 50 millions d'autochtones, tandis que la banque mondiale estime qu'environ 60 millions d'autochtones sont « presque totalement dépendants des forêts » (Banque Mondiale 2008).

Bien que les forêts recouvrent aujourd'hui près de 30 % des terres émergées de la planète, ce pourcentage mondial a constamment baissé durant des décennies à cause du phénomène de la « déforestation ». C'est ce qui arrive lorsqu'une forêt est coupée et convertie de façon continu à un autre usage. Depuis 2000, la vitesse de déforestation a été de 7,3 millions d'hectares par an, alors qu'entre 1990 et 1999 elle était de 8,9 millions d'hectares par an. Le taux de perte de forêt le plus élevé est connu par l'Afrique, suivie de l'Amérique du Sud (UNU-IAS, 2009).

2-<u>La conscience internationale de la destruction des forêts tropicales</u>

La prise de conscience par l'opinion internationale de l'ampleur et de la gravité du danger sur les forêts tropicales remonte aux années 1987-1988 ; quand la télévision montra 200.000 ha de forêts amazoniennes se consumer. A cette époque, le parlement européen fut le premier à insister sur l'extrême importance que revêt la forêt tropicale pour l'évolution naturelle et le climat mondial (SAURA, 1994). En plus, depuis le sommet de Houston, la destruction des forêts tropicales a constitué une des préoccupations majeure pour les pays riches, membres du G7.

Aujourd'hui, lorsque les forêts sont détruites ou déboisées, les bois qui se décomposent ou qui sont brûlés dégagent du dioxyde de carbone, augmentant les niveaux de ce gaz à effet de serre qui piège la chaleur dans l'atmosphère et accroît ainsi la température globale de la terre. De ce fait, la gouvernance mondiale des forêts est devenue le centre de vifs débats. Et toutes tentatives d'un tel accord (gouvernance sur la forêt) s'ouvrent sur une approche globale de lutte contre les changements climatiques. Cette approche qui réaffirme l'objet de la convention cadre sur la lutte contre les changements climatiques a permis la participation des pays hors annexes I. Ces derniers, doivent aujourd'hui reconsidérer les changements du climat comme un énorme fléau principal, liés aux problèmes connexes que sont l'eau et la pénurie alimentaire.

3-<u>Le protocole de KYOTO et la lutte contre les changements climatiques</u>

Dès 1992, le traité de Rio sur l'environnement avait décidé de créer la Convention-Cadre des Nations Unies sur les Changements Climatiques (CCNUCC). L'objectif était « *de stabiliser les concentrations de gaz à effet de serre dans l'atmosphère à un niveau qui empêche toute perturbation anthropique dangereuse du système climatique mondiale* ». Dans une perspective d'atteinte des OMD, il est probable que ce niveau ne soit pas atteint dans un délai suffisant pour permettre aux écosystèmes de s'adapter naturellement au changement climatique. A cet effet, les engagements pris par la CCNUCC pour stabiliser les émissions de gaz à effet de serre (GES) d'ici à l'an 2000 étaient insuffisants. La 3e Conférence des Parties à la CCNUCC (CdP-3) a adopté le Protocole de Kyoto en décembre 1997. En vertu de ce Protocole, les Parties visées à l'Annexe I de la CCNUCC ayant ratifié le Protocole ont l'obligation de réduire globalement, d'ici à 2012, le niveau des émissions de six gaz à effet de serre(GES) de 5,2 % par rapport à celui de 1990.

Après la conclusion du traité de Rio (1992), les solutions (politiques d'adaptation ou d'atténuation) ont été perceptibles. Le protocole de Kyoto, avec ses mécanismes de flexibilité (en 1997) à savoir les **mécanismes internationaux d'échanges de droits d'émissions** (IET), la **mise en œuvre conjointe** (MOC) et le **mécanisme de développement propre** (MDP) ; un instrument destiné au pays hors annexe I (pays en voie de développement) a été présentée comme une opportunité de lutter contre le changement climatique. Ces mécanismes, pouvant opérer par le marché carbone ont permis l'intensification des échanges des quotas d'émissions et un difficile essor des projets MDP.

Néanmoins, le MDP était un instrument permettant au pays ou entités industrielles du Nord, d'investir en termes de crédit carbone dans des projets de diminution des émissions ou de séquestration du carbone[3] dans les pays du Sud. La contrepartie étant les permis d'émissions de carbones. Cela a permis de reconsidérer l'apport des forêts dans les activités de séquestration du carbone.

---

[3] En pleine expansion, « *les marchés carbone représentent une nouvelle opportunité de financement pour dynamiser le secteur forestier des pays du Sud et permettre à certains pays et à certains opérateurs de lever les barrières. Et les contraintes généralement associées à ce secteur* » (Bruno Locatelli, 2007).

-La participation des pays en voie de développement à la lutte contre le changement climatique : le MDP forestier

Le MDP comporte trois secteurs d'activités, l'énergie, les déchets et les projets de boisement, reboisement.

En effet le bilan du MDP forestier n'est guère couvert de satisfaction et de certitude compte tenue de la faiblesse des capacités institutionnelles qui est un des principaux handicaps des pays africains pour parvenir à bénéficier de l'investissement dans le cadre du MDP. Malgré les questions techniques **de permanence, de l'additionnalité ou la question de l'établissement des scénarios de référence crédibles, la complexité des calculs de séquestration de carbone, du suivi (mesure de terrain, fuites**), voire même les difficultés de montages financiers et surtout le financement initial avant les premières ventes de carbone, certains pays africains suscitent de grands espoirs. L'exemple du Cameroun où une quinzaine de projets ont été élaborés, démontre leur intérêt pour la réussite du MDP forestier.

Cependant, au-delà d'une avancée aussi timide soit-elle, les phénomènes de dégradation et de déforestation persistent. On a toutefois pensé que le MDP, en particulier le MDP forestier (activité de déboisement et de reboisement) apporterait aux pays hors annexe I, une certaine participation ou inclusion dans le combat climatique. Mais aujourd'hui, compte tenu du rôle des forêts dans l'atténuation des changements climatiques, La gouvernance forestière internationale est passée au crible. La conférence mondiale sur l'environnement et le développement (CNUED) qui s'est tenue à Rio du 4 au 14 Juin 1992 aurait pu être le cadre idéal pour l'adoption d'un document contraignant sur les forêts. Mais, sous la pression des pays en voie de développement dotés d'un important couvert forestier et en l'absence des ressources financières et techniques nécessaires pour une protection adéquate, les négociations ont conduit à un compromis politique non contraignant (KISS et al, 1994).

Finalement, malgré les programmes de conservation et de protection des écosystèmes forestiers, la gestion forestière a évoluée dans une logique d'exploitation. Les phénomènes de dégradation et de déforestation s'accentuant davantage.

D- <u>Une passerelle aux problèmes de dégradation et de déforestation des forêts tropicales : l'application du processus REDD.</u>

1- <u>La venue du REDD</u>

Au regard de l'importance que revêtent les émissions de gaz à effet de serre dans les pays en voie de développement, un nombre importants d'observateurs a pris l'initiative de proposer plusieurs mesures susceptibles de réduire de   manière significative le taux de déforestation[4]. D'où le terme   « Réduction des émissions liées à la déforestation et à la dégradation des forêts dans les pays en voie de développement. Cette expression a été utilisée pour la première fois dans sa forme abrégée RED (Réduction des émissions liées à la déforestation) lors de la onzième Conférence des Parties à la CCNUCC (COP 11) à Montréal en 2005 par Coalition for Rainforest Nations dirigée par la Papouasie-Nouvelle-Guinée.

Les négociations pour REDD se concentrent sur la mise en place de mesures incitatives en faveur des pays en voie de développement afin que ceux-ci réduisent leur niveau de perte en forêts, favorisent les avantages environnementaux, économiques et sociaux tout en protégeant les droits des peuples indigènes et d'autres communautés dépendantes de la forêt. Tout d'abord appelé RED avec un seul D pour Déforestation, le concept a reçu plus tard un second D pour Dégradation des forêts. Et plus récemment, « REDD-Plus ». Ce terme inclus les aspects déjà annoncés dans la décision REDD de Bali[5], à savoir : la « conservation, la gestion durable des forêts ainsi que la valorisation des stocks de carbone forestier ». Ainsi, à travers le présent document, toutes les références à REDD incluent également REDD- plus. Aujourd'hui, c'est plutôt un accord « *post-Kyoto* » tenu à Durban[6] sur le mécanisme Redd+, qui depuis la conférence

---

[4] Il est à préciser que la déforestation contribue entre 17 et 20% aux émissions des gaz à effet de serre (GES) (vander Werf et al, 2009). L'initiative de Coalition for Rainforest Nation s'inscrivait dans une logique de plaidoirie visant à promouvoir le paiement des compensations aux pays en développement qui réduiraient leur taux nationaux de déforestation. (In, *Dialogue régional africain sur les forêts, la gouvernance & le changement climatique*, OCTOBRE 2010, ADDIS ABABA, ETHIOPIE.)

[5] Le processus du Plan d'action de Bali vise à mettre en place un nouveau cadre d'action concertée mondiale à long terme sur le changement climatique et à créer de nouveaux engagements englobant objectifs et calendriers, pour succéder aux dispositions du Protocole de Kyoto, qui expirent théoriquement en 2012. (PNUD, 2009)

[6] La COP 17 (17ieme conférence des parties à la convention cadre des nations unies sur les changements climatiques) de 194 pays s'est tenu à Durban en Afrique du Sud du 28 Novembre au 11 Décembre 2012. Ces pays devraient inclure pour la première fois les pays en voie de développement. L'intégration de la capture et du stockage du carbone sous forme MDP a été finalisé. Il se fera par

de Bali (2007) constitue sujet à débat sur la nouvelle gouvernance forestière à travers la lutte contre les changements climatiques (voir figure1). Il tente de donner une opportunité aux pays à massif forestier comme les pays du bassin de l'Amazonie ou de ceux du Congo. En effet, Le REDD[7], réduction des émissions issues de la déforestation et de la dégradation est une « *opportunité unique de préserver les forêts naturelles, pour qu'elles continuent de piéger le carbone et permettre à la terre de respirer. Les arbres auront alors plus de valeur debout qu'abattus* » (Wangari MAATHAI, 2009). Et elle ajoute « *ce terme, je l'associe en priorité à l'écosystème forestier du bassin du Congo (Afrique Centrale) ; la deuxième forêt tropicale au monde après le bassin de l'Amazonie, juste devant le complexe forestier ombrophile d'Asie du Sud-est. A eux trois, ils forment une ceinture végétale vitale autour du globe* ». L'adaptation des forêts aux conditions environnementales et sociales futures résultant des changements climatiques pourrait donc modifier sensiblement la façon dont la foresterie est pratiquée dans de nombreuses parties du globe.

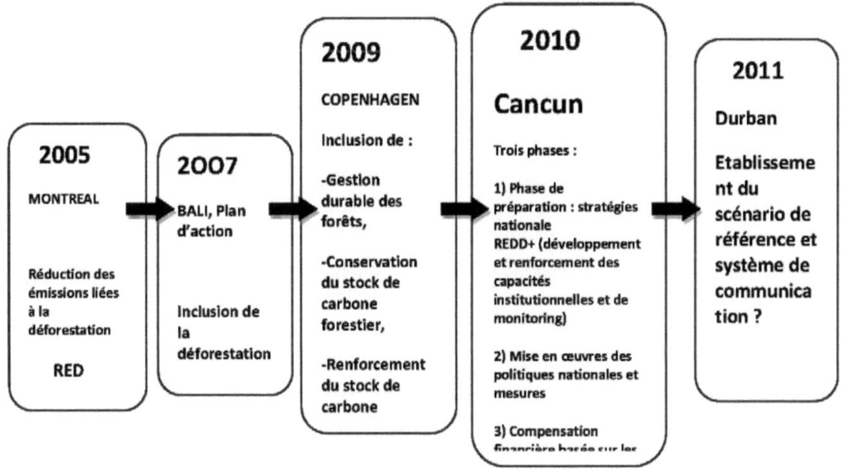

<u>Source :</u> Adapter des données de Climate economics in progress, 2011

<u>Figure n°1 :</u> De Montréal à Durban, l'avancée du REDD dans les négociations climatiques

---

la poursuite du protocole de kyoto à partir du 1er Janvier 2013. Source : http://fr Wikipedia.org /wiki/conference_ de_ Durban_ sur_ les_ changements _climatiques

<u>**2-Les exigences de gestion liées à l'application REDD+**</u>

Dans ce contexte de redynamisation du secteur forestier des pays du sud, l'application effective du REDD[8] qui reconfigurera les systèmes d'exploitation des populations riveraines des massifs forestiers relève du « *désormais* » rôle de la gestion des forêts dans l'atténuation des changements climatiques et la lutte contre la pauvreté. Le programme de réduction des émissions liées à la déforestation et à la dégradation de la forêt (REDD) permet aux pays désireux et aptes à réduire ces émissions d'être dédommagés financièrement pour les actions qu'ils mènent en ce sens. A ce titre les architectes REDD doivent donc se pencher sur les questions d'amélioration de la gouvernance forestière avant d'entreprendre toute action de réduction des émissions de carbone liées aux forêts. En l'occurrence **des clarifications des droits sur le foncier forestier, sur l'utilisation des ressources forestières et des éventuelles ressources minières dans le milieu, des mécanismes de résolution des litiges autour des ressources forestières, foncières et minières, du plan d'utilisation des sols, des incitations pernicieuses, de distribution équitable des avantages et des réformes institutionnelles en vue d'une application d'une législation forestière acceptée et adoptée par tous les acteurs.** C'est au regard de ces soucis[9] que la présente étude a été entreprise. Le contexte camerounais peut constituer un cas de figure.

<u>**Le Cameroun et le REDD+ dans le bassin du Congo**</u>

Les forêts du Bassin du Congo assurent des services environnementaux essentiels pour la communauté internationale, pour l'humanité et pour l'environnement de la planète, notamment au regard de la stabilisation du climat. La communauté internationale a exprimé son intérêt pour le maintien de ces fonctions écologiques essentielles par les décisions prises à Montréal (2005) et à Bali (2007), relayées par la déclaration ministérielle de Poznań(2008).

Les pays du bassin du Congo considèrent le mécanisme REDD comme étant essentiel dans leurs stratégies national de planification et de développement. La mise en œuvre de

---

[8] La définition officielle de REDD+ telle qu'établie par la CCNUCC est la suivante : « la réduction des émissions résultant de la déforestation et de la dégradation des forêts dans les pays en développement, et le rôle de la conservation, la gestion durable des forêts et de l'augmentation des stocks de carbone forestiers dans les pays en développement » (Décision CCNUCC 2/CP.13-11). Après la clarification de son identité et de sa mission, REDD+ a gagné une importance accrue et depuis 2008 il est devenu un instrument clé pour les pays forestiers tropicaux dans les négociations sur le changement climatique menées au sein des Nations unies.

[9] L'ensemble de ces soucis constituent les conditions d'applicabilité de la REDD selon la TFD, 2008. (The Forest Dialogue)

la REDD implique par conséquent bien plus que la protection des forêts. Elle s'accorde avec la reconnaissance de la valeur totale des ressources forestière dans le contexte de réalisation des objectifs développements pour le millénaire. Ils doivent relever de nombreux défis pour participer au programme REDD et en tirer profit. Nombre de ces défis sont exposés dans les Notes de réflexion sur le Plan de préparation (R-PIN) que soumettent les pays au Fonds de partenariat pour la réduction des émissions de carbone forestier (FCPF) de la Banque Mondial

Pour le Cameroun, la REDD+ est un outil de développement qui doit aider le pays a atteindre l'objectif de développement durable que le gouvernement s'est fixe dans le cadre du Document de Stratégie pour la Croissance et l'Emploi (DSCE) et de la Vision Cameroun 2035 («Cameroun pays émergeant en 2035 »).

Selon l'OSCST (l'Organe Subsidiaire du Conseil Scientifique et Technique)[10], les pays doivent :

-recourir à des systèmes nationaux et infranationaux d'inventaires du carbone forestier, à condition qu'ils soient intégrés à un système national.

-Faire en sorte que les niveaux d'émissions de référence nationaux pour les forêts tiennent compte des données historiques et soient ajustés en fonction des situations nationales.

-d'identifier les facteurs déterminants du déboisement et de la dégradation des forêts à l'origine d'émissions, ainsi que les moyens d'y remédier.

L'OSCST préconise également l'utilisation des directives du Groupe d'experts intergouvernemental sur l'évolution du climat (GIEC) pour estimer les émissions résultant des activités d'utilisation des terres, des absorptions par les puits, des stocks de carbone forestier, et des variations de la superficie des forêts dans les pays en développement. Néanmoins, le Cameroun vient de soumettre son R-PP (Readiness Preparation Proposal) au sein du PCPF.

---

[10] Il élabore des orientations méthodologiques et théorique pour les activités relatives à la réduction des émissions due à la déforestation et au déboisement (REDD) et étudie le rôle de la conservation et de la gestion durable des forêts et du renforcement des stocks de carbone forestiers dans les pays en voies de développement.

En effet, les discussions sur les guides méthodologiques liés à l'application de la REDD+ au sein du GTS-CLT (Groupe de Travail Sur L'action Concertée à Long Terme) sont en cours. Elles concernent les questions méthodologiques et techniques. Ces questions sont perçues par la communauté internationale comme des conditions de fond pour une mise en œuvre de la REDD[11]+.

D'une part, les différents projets de démonstrations REDD+ ont répondu à l'appel du plan d'action de Bali, en 2007. Plus de 130 projets pilotes ont été enregistrés, mais peu ont mis en place des activités. D'autre part, les projets localisés au sein du Bassin du Congo, en particulier au Cameroun sont pour la plupart réalisés à l'échelle sous nationale,[12] en zones protégées[13] et n'ont eu des analyses[14] dans le sens de la gestion des risques liées à l'application de la REDD+ (voir annexe VIII).

APPLICATION DE LA REDD+ ET SCENARIO DE REFERENCE

Dans les débats actuels sur la REDD+, le scénario de référence est essentiel dans tout accord. Il fournisse la ligne de base nécessaire à la performance des activités d'atténuation. Les résultats peuvent et doivent être évalués. C'est une contrainte technique capitale.

Premièrement, dans le cadre du suivi communautaire de la REDD+, Skutsch et Al, (2008), pensent que le type de déforestation que la gestion communautaire tente d'inverser présente des données historiques qui n'existent pas pour la plupart des zones. Ils estiment que *« les émissions sont de l'ordre de 1à 2 tonnes de carbone (7 tonnes de CO2) par hectare et par an. Les techniques de télédétection ne peuvent pas repérer des*

---

[11] Contrairement au Protocole de Kyoto, la REDD+ met en avant le rôle des forêts naturelles dans l'atténuation des effets du changement climatique. L'idée est de réduire les émissions de C02 en évitant ou en minimisant la destruction et/ou la dégradation des forêts , tout en assurant des revenus colossaux pour récompenser les actions qui visent le maintien des forêts debout, non coupées.

[12] La plupart des projets sous-nationaux REDD identifiés se développent autour de parcs nationaux existants.

[13] Un projet pilote REDD dont les résultats sont mitigés est achevé (projet GAF COMIFAC – MINFOF-MINEP).

Parallèlement à l'élaboration du R-PP, des initiatives REDD ont commencé à dans le Parc National de Takamanda (WCS), dans la Réserve de Biosphère du Dja (Global Grenn-Carbon), dans la zone de Ngoyla-Mintom (WWF et Wildlife Work carbon), ADEID (UFA 08 006, 08 008, 08 009).

[14] Encore que les données y relatives n'ont pas été publiées. Idem pour les pays du Bassin du Congo excepté la République Démocratique du Congo.

variations si minimes, et encore moins les mesurer durant les périodes à court terme de comptabilisation de carbone ».

Deuxièmement, au regard des zones forestières communautaires du Laos, il sera difficile d'évaluer une accumulation de carbone à l'échelle d'un paysage dans un contexte d'abattis sur brûlis parce que « *les mosaïques paysagères complexes, typiques des systèmes d'abattis sur brûlis (contribuent à maintenir une riche biodiversité et aussi à préserver les modes de vie des différents groupes ethniques) représentent des réels enjeux méthodologiques pour l'évaluation des stocks de carbone et suivre les dynamiques dans des systèmes d'usage des terres qui sont continuellement en rotation »*.(Levang et al, non daté).

Néanmoins, certains projets ont été mis en œuvre. D'abord celui D'Oddar Meanchey (67 853 ha) au Cambodge contenant 58 villages, en 2008 à élaborer un scénario de référence à partir du taux de déforestation historique enregistrée sur la zone de référence entre 1990 et 2006, en multipliant le taux annuel moyen par le facteur de proportionnalité du périmètre du projet par rapport à la zone de référence. Ensuite, celui du Corridor de Kasigau au Sud-Est du Kenya (30 168.66 ha) qui, pour l'élaboration du scénario a extrapolé la dynamique de la déforestation sur la base de l'analyse de deux images satellites (1995 et 1999) et d'après l'estimation de l'accroissement de la population. De ces deux variables est calculée une surface de déforestation par personne et par an pour la zone de projet. (*www.wildlifeworkscarbon.com*).

Par contre, le projet de réserve de développement durable de Juma (589 612 ha) en Amazonie au Brésil a plutôt établi différemment son scénario de référence. Ce dernier a été tiré de la Methodology for Estimating Reductions of Greenhouse Gas Emissions from Frontier Deforestation soumise au VCS[15]. D'après cette méthodologie, l'aire du projet pourrait perdre jusqu'à 60% de sa couverture forestière d'ici 2050, notamment du manque de terre disponible dans d'autre région, et une tendance visible d'immigration et de changements d'usage des sols accélérée par le goudronnage des routes.

---

[15] Standards accessibles pour les projets REDD+ dans les pays tropicaux VCS (Volontary Carbon Standard) , CCBs, CCAR, CCX, ACR, Plan Vivo, Social Carbon. Cependant, à l'heure actuelle, seuls les standards CCBs et Plan Vivo ont effectivement certifié les projets REDD+ dans ces pays. Le VCS est un standard de comptabilisation carbone qui ne considère pas les Co-bénéfices. (ONF International, non daté)

En effet, cette approche présente trois possibilités : Historical average approach, linear extrapolation approach and modeling approach. C'est cette dernière approche qui a été utilisée, via le model Sim Amazonia. C'est un modèle qui exprime la déforestation future comme une fonction de l'évolution des variables explicatives de la déforestation. Ce scénario projeté a été construit sur la base d'un modèle économique national déjà existant. (www.fras.amazonas.org).

La démarche entreprise dans le cas du Sao Francisco Forest Project REDD, dans l'Etat du Tocantins d'une superficie de 1 140 ha est toute singulière. Les activités sur les petites zones ne permettent pas que l'on travaille avec une bonne résolution. Le scénario de référence est basé sur la méthodologie du Biocarbon Fund pour estimer la déforestation mosaïque[16]. Elle a permis de calculer pour les 20 prochaines années, par rapport aux feux enregistrés les dix dernières années. Les valeurs ont été modélisées puis calculées pour chaque strate potentiellement menacé d'incendie. (www.acologica.org.br)

Pour le projet REDD de réduction des émissions de carbone au Nord de la Tasmanie, 1433.9 ha, une méthodologie d'évaluation du carbone a été développée spécifiquement pour le projet. Le logiciel Australien Fullcom a été utilisé pour établir le scénario de référence. Celui-ci a été conçu en fonction de l'utilisation des terres la plus probable, en l'absence du projet et en suivant les recommandations des lignes directives du GIEC (2006) pour les projets AFOLU. En considérant les dires des propriétaires et les contions socioéconomiques des petites exploitants agricoles et d'élevage dans la région, le scénario de référence prévoit la conversion totale des terres exploitables (790 ha) en plantations d'Eucalyptus. Ledit logiciel a été utilisé pour comparer la différence de stock entre le scénario de référence[17] avec et le scénario de référence sans projet (Business as Usual). (www.reddforests.com).

Pour ce qui est des pays du bassin du Congo, l'atelier sur la revue à mi-parcours de l'étude régionale sur la modélisation des futures tendances de déforestation dans le bassin du Congo et les émissions de gaz à effet de serre issues de cette déforestation

---

[16] C'est une déforestation qui a lieu sous une configuration spatiale appelée mosaïque, qui traduit le plus souvent le fait que l'ensemble du massif forestier soit accessible aux activités humaines (activités agricoles, infrastructures, etc.) c'est une classification adoptée par la VCS en 2008.

[17] On distingue le *scénario de référence d'émissions* si on fait du REDD et le *scénario de référence* (émissions + absorptions) si on fait du REDD+.

entre les pays[18] de la COMIFAC et la Banque mondiale, 2009 a mis au point les propositions suivantes qui incluent trois approches principales pour établir ces scénarios :

- **Scénario historique** de changement de couvert[19] ;
- **Scénario projeté** utilisant des modèles économiques pour la déforestation planifiée[20] ;
- **Scénario ajusté**[21] sur des facteurs représentant les circonstances socio-économiques et de développement national (tendances démographiques, agriculture, autosuffisance alimentaire, développement des infrastructures et énergies renouvelables[22]).

En effet, D'après la Décision 4/CP.15[23] adoptée à Copenhague et portant sur les aspects méthodologiques de la REDD+ », La RDC a organisée son scénario de référence autour de **l'estimation des émissions historiques** et, ensuite, de **l'ajustement en fonction des situations nationales.** En dépit des circonstances nationales et dans le cadre de la COMIFAC, le Cameroun pourrait emprunter cette démarche. Cependant, compte tenu de la réalité de chaque région avec ses disparités socioéconomique et culturelle, les tendances historiques à l'échelle projet issus des données qualitatives (dires des populations) pourront être ajustées sur des facteurs représentant les circonstances socio-économiques et de développement national.

APPLICATION DE LA REDD+ ET RISQUE DE NON ADDITIONNALITE

De façon générale, un projet est additionnel lorsque les émissions totales de GES avec le projet sont inférieures à celles qui seraient survenues à l'absence du projet. Mais si les émissions totales de CO2 avec le projet sont supérieurs à celles survenues dans un cadre « business as usual », nous parlerions plutôt de **non additionnalité.** C'est à dire que le processus de réduction des émissions pendant le projet a été entravé par des

---

[18] Cameroun, Congo, Gabon, Guinée Equatoriale, République Centrafricaine, Congo et République Démocratique du Congo
[19] Soutenu par le Brésil

[20] Soutenu par l'Indonésie
[21] Combinaison de scénario historique et projeté
[22] Soutenu par AOSIS, Canada, CfRN, COMIFAC, UE, pays d'Amérique latine, Japon, Norvège (le Brésil s'y oppose).
[23] « lorsqu'ils établissent pour les forêts des niveaux de référence des émissions et autres niveaux de référence, les pays en développement parties devraient le faire en toute transparence en tenant compte des données historiques, et effectuer des ajustements en fonction des situations nationales [...] »(http://unfccc.int/resource/docs/2009/cop15/eng/11a01.pdf)

faiblesses ou menaces. Ces barrières sont liées aux difficultés de gestion intrinsèque des forêts.

Dans les discussions relatives à l'application du processus REDD+, l'**additionnalité**[24] se présente comme le résultat d'une réduction d'émission de GES par le projet (scénario projet) moins les émissions qui se serait produites en l'absence de projet(ligne de base), (SATHAYE et al, 2008).

En effet, les risques de non additionnalité peuvent par exemple jaillir du rôle que joue la forêt comme substrat des moyens de subsistance et également comme espace où s'exprime les conceptions d'appropriations divergeant aboutissant à l'augmentation de la déforestation et au déboisement.

-Forêts et moyens de subsistance

Les forêts, depuis fort longtemps, sont des formations végétales indispensables à la vie sur terre. Ce sont des sources de nourriture, de refuge, de combustibles, de vêtements et de médicaments pour de nombreuses populations. C'est une ressource naturelle qui apparaît donc comme une nécessité et génère de grands enjeux pour l'amélioration des conditions de vie des populations. Selon le CIFOR, plus de deux milliards de personnes, un tiers de la population mondiale utilisent les combustibles de la biomasse, essentiellement le bois à brûler pour la cuisine et à chauffer leur maison. C'est cette réalité qui a permis à Bertrand A. (1985), in *les cahiers de la recherche-développement n°8* de militer en faveur des nouvelles politiques forestières en milieu sahélien. Ces politiques doivent être essentiellement assises sur une organisation de l'espace de nature à confier aux paysans la gestion pour leur compte des ressources renouvelables. Cette gestion demande à être contrôlée afin que l'extraction des moyens de subsistance soit gérée durablement. A défaut, l'on serait confronté d'après JODHA (1992) à une situation d'échec des politiques publiques de gestion des ressources de propriété commune dans les régions arides de l'Inde. Selon l'auteur, si une population rurale arrive à un moment donné à exploiter une ressource de propriété commune jusqu'à sa dégradation, c'est à cause de l'état de pauvreté de ces populations (riveraines des forêts) que leurs dépendances à l'égard de la ressource sont accentuées ; « *Comme*

---

[24] La définition de l'additionnalité se trouve dans la décision 17/CP7 paragraphe 43. Elle émane des conditions d'application du MDP.

les ruraux pauvres dépendent fortement des ressources de propriété commune, ces ressources jouent un rôle dans la dynamique de la pauvreté » De ce fait, toute analyse sur les systèmes de propriété s'avère adéquate.

-Forêts et systèmes de propriété : les systèmes d'appropriation en tant que ménace à l'additionnalité

Certains auteurs pensent qu'il faut simplement analyser le régime de propriété d'une ressource communautaire pour comprendre la manière dont les acteurs exploitent durablement ou non la ressource.

En général, les actions qui visent à intervenir dans l'ensemble du système de propriété et qui mettent en jeu les différents modes d'appropriation de la ressource forestière et les bénéfices qui en découlent sont pour la plupart des cas des pratiques sociales, politiques, institutionnelles et économiques. Ces pratiques font l'objet d'une certaine préoccupation. Il serait tout à fait nécessaire d'en saisir l'évolution.

En effet, les structures d'appropriation traditionnelle sont en rapide mutation. Il faut en saisir la dynamique de ces évolutions pour comprendre comment concrètement les populations gèrent leur espace familial villageois. (Chaumie, 1984).

En l'occurrence, la définition des droits de propriété de nature communautaire n'est pas une entreprise assez aisée. Vue sous l'angle de GAUTIER et al (2003) dans une analyse des droits sur les ressources forestières dans les villages du Nord-Cameroun, les difficultés de mise en application du droit moderne semblent se joindre au profil de ceux qui sont censés faire appliquer les règles (L'administration des eaux et forêts) .*« La récente législation foncière ouvre des perspectives intéressantes en rendant possible le transfert de gestion d'une partie des ressources à la population locale, mais ce transfert pose plusieurs questions d'ordre politique et territoriale délicates dans le contexte du Nord-Cameroun ».*

Par ailleurs, dans un courant de pensée assez optimiste, Mathieu et al. (1995), présentent en quelque sorte les caractéristiques de gestion d'une propriété commune. La capacité qu'a une communauté de maintenir son régime de propriété sans pour autant nier le rôle de son environnement politique. Ainsi, ils suggèrent plutôt que *« le rôle de l'Etat devient alors indispensable afin d'imposer le respect des droits de propriété du groupe social si ces droits ne sont pas clairement reconnus par les textes légaux, ou si les systèmes communautaires deviennent très précaires et vulnérables ».*

C'est vers ce nouveau paysage institutionnel de gestion de ressources naturelles à la collective que s'est focalisée la récente politique forestière camerounaise. Karsenty (1999) développe ce champ de privatisation collective en analysant les tentatives de mise en ordre de l'espace et tire des inquiétudes qui ont tendance à consommer des opinions en faveur de l'éclatement du modèle de l'Etat forestier. *« Le mouvement de privatisation collective des espaces qui se dessine peut déboucher sur une profonde remise en cause du modèle hérité de la décolonisation, d'un Etat forestier fondé sur un monopole central de la gestion d'une ressource ».* De telle enseigne qu'une confusion a vu le jour entre droit coutumier et droit moderne. Ce constat fait également partie des analyses de Magninis et al, (2010) lorsqu'ils déclarent : *« la vulnérabilité des peuples autochtones est exacerbée par le manque des cadres politiques et fonciers clairs les concernant, par une application inefficace des lois et la non reconnaissance des droits ancestraux et coutumiers. Il peut en résulter des situations où la REDD-plus pourrait représenter une menace supplémentaire ».*

D'autre part, par opposition au système collectif et dans l'état actuel du capitalisme, Valérie et al. (2004) soutiennent promptement que *« la définition des droits de propriété s'appuie sur les prescriptions de la théorie économique dominante. Il s'agit, dans la mesure du possible de s'approcher d'un modèle d'appropriation privée, permettant une gestion décentralisée de l'environnement et un recours limité à la puissance publique ».*

L'urgence est aujourd'hui à la construction des stratégies, par exemple par le renforcement de ces systèmes de droit de propriété coutumier commune à booster les capacités villageoises dans les activités de reboisement et leur permettre de se familiariser à des nouvelles formes d'approches écologiques et économiques de gestion de l'environnement, à l'instar du REDD+. Les forêts constituent une source évidente de revenus. Pour le paysan forestier, c'est la vie, une richesse qui lui permet de résoudre les problèmes socioéconomiques de survie. C'est ce que tente de proposer Merlo (1992) dans une analyse de la foresterie communautaire dans les zones de montagne du Nord de l'Italie et en particulier dans les Alpes orientales de Vénétie. « *Il est certain que ces problèmes (de définition des droits) sont profondément ressentis dans beaucoup d'autres contextes. Néanmoins, la foresterie communautaire étant l'une des institutions les plus avancées en ce qui concerne l'exploitation commerciale des avantages environnementaux* ». Tout simplement pour affirmer que tout rapport économique entre l'homme et la forêt commence par les schémas d'appropriation de la rente forestière. L'un de ces schémas est le droit de propriété. A ce niveau, notre présent travail évalue d'une part les systèmes de propriété communautaire qui permettent aux populations de bénéficier des avantages environnementaux issus des activités REDD+.

Par ailleurs, les profits issus de la séquestration du carbone à travers les futurs projets REDD+ seront aussi tributaires de l'importance de l'évolution de ces régimes collectifs vers les systèmes de droits privés. C'est ce que s'accordent à démontrer MICHON et al (2000). Pour eux, « *si dans les zones tropicales, la gestion des ressources naturelles repose le plus souvent sur des systèmes de propriété collective, il est implicitement admis que la déforestation, la conversion agricole des zones forestières, la monétarisation croissante des économies et l'importance accrue des stratégies commerciales sont autant de facteurs entraînant l'évolution de ces régimes collectifs vers des droits privés* ». Dans la même logique, VALERIE et al (2004) dans une lecture critique de la nouvelle économie des ressources considèrent qu'une gestion durable des espèces et des milieux naturels ne peut s'accomplir que par la privatisation des ressources naturelles et leur exploitation dans un cadre marchand. Ainsi, « *le développement de la propriété foncière privée des terrains de chasse serait alors le résultat d'un calcul économique réalisé par les Montagnais. L'essor du commerce de la fourrure aurait transformé la gestion de population de castors en activités économiques profitables* ». De tels constats ont provoqué l'évolution brusque des marchés de ressources extractivistes, conduisant à terme à la disparition des ressources en question. Ce qui a ouvert un nouveau vent d'écologisation de l'économie. Une protection des forêts rythmée aux caprices du monde marchand et des changements climatiques.

En principe, entre systèmes collectifs (communautaire) et systèmes individuels, s'installe une dichotomie de fond. Mais MICHON et al (2000) vont plutôt prescrire **une évolution des régimes collectifs vers les systèmes de droit privé, une simple**

mutation des stratégies de gestion : *« le passage d'une logique de type extractiviste à une logique de gestion ».* Car *« la remise en question du modèle d'appropriation collective et la privatisation des terres qui s'en est suivie résultent plutôt de la rupture de l'équilibre qui existait entre les différentes sources de revenus agricoles et forestières. Cette rupture a entraîné, dans le domaine forestier, une brusque inadéquation entre disponibilité naturelle et besoin économique et a montré la limite écologique du régime de collecte traditionnel ».*

APPLICATION DE LA REDD+, DEVELOPPEMENT RURAL ET RISQUE DE FUITES

Il y'a fuites lorsqu'il y'a délocalisation des émissions de gaz à effet de serre de la zone initiale de projet vers une zones non couverte par le projet.

En effet, Dans les activités de B/R au titre du MDP, les fuites ont été définies comme une augmentation de GES par des sources se produisant en dehors du périmètre du projet. Dans les discussions REDD, il y'a plutôt débat sur la nature des fuites en faisant référence sur le « déplacement des émissions ». Ce déplacement peut être à l'échelle internationale ou à l'échelle sous nationale. Selon Robledo (2008), *« on tend à accepter que si on peut utiliser une ligne de base/scénario de référence national précis, les risques de fuites non comptabilisées disparaissent ».* Autrement dit, si un déplacement d'activités ou de populations dû aux activités de la REDD a lieu, les inventaires nationaux seront prioritaires.

Dans le même sens, selon les Amis de la terre International, il existe encore un problème qui persiste dans l'élaboration des axes méthodologiques relatifs à la REDD+ concernant les fuites. L'application par projet par exemple pourrait permettre que les activités de déboisement se déplacent vers une autre zone de même pays. Une solution serait d'appliquer le système à l'échelon national et d'impliquer autant de pays possible. (www.foei.org/fr/publications/pdfs/redd-myths).

Par contre, certains auteurs qui militent pour une approche sous nationale recommandent de faire recourt aux expériences à travers le traitement des fuites issus des activités B/R au titre du MDP. Ces expériences pourraient être utilisées comme base pour traiter les fuites potentielles d'un projet REDD+.

Par ailleurs, l'ONF (non daté) présente trois catégories d'estimation des fuites. Premièrement, l'estimation ex-ante des fuites dans le cadre de la dégradation non planifiée. Elle met en exergue 4 types de stratégies :

-L'analyse des risques de fuites est associée aux activités permettant d'adresser chaque facteur de déforestation. C'est une analyse recommandée par les Standards ADP et TGC[25].

- L'emploi des méthodologies approuvées par le conseil exécutif du MDP pour l'estimation des fuites (ADP et BioCF).

- L'utilisation des facteurs par défaut pour des déplacements d'activités non contraints géographiquement (TGC)

- L'utilisation de l'approche time discount de fearnside selon laquelle les fuites peuvent être estimées à 40% des réductions d'émissions.

Deuxièmement, dans le cadre de la déforestation/ dégradation planifiée. La VCS et la CCBA pratique cette méthodologie. La CCBA suggère l'existence d'un lien contractuel avec l'agent de la déforestation. Ce qui impliquera un contrôle de ses activités dans d'autres zones. En revanche, ADP recommande de s'assurer que les surfaces octroyées par l'Etat à l'agent en question n'aient pas augmenté. Le VCS quant à lui requiert que l'agent de la déforestation démontre que ses activités n'ont pas évoluées en dehors de la zone de projet en montrant par exemple les plans de gestions des autres zones. Pour les fuites liées aux activités d'agents qui ne sont pas encore présent dans la zone, ADP propose deux cas d'anticipation : lorsque la production est réglementée par l'Etat (octroi des terres pour l'agriculture par exemple) et lorsque la production ne l'est pas (cas des migrations de populations).

Désormais, un véritable débat se fait jour sur les différentes possibilités de traiter les fuites. Les amis de la terre (foei, 2010) envisagent le traitement des fuites à deux niveaux :

---

[25] Terra Global Capital

- REDD+ doit s'effectuer qu'au niveau national en raison des fuites que comporteraient les projets REDD subnationaux. Ces derniers étant proscrits pour une application de la REDD+.

-Le carbone peut être piégé et stocké aussi par des écosystèmes non forestiers qui eux aussi ont besoin d'être protégé.

Cette orientation n'est pas celle de Carmenza et al (2008) lorsqu'ils précisent que les méthodologies approuvées par le B/R au titre du MDP traitent les fuites en identifiant le déplacement potentiel des personnes ou de produits dû à l'activité du projet proposé.[26]

D'autre part, Sven Wunder (2008) dans une logique assez particulière considère les fuites sans aucun doute comme un « carton rouge » pour la REDD. Selon cet auteur, les fuites peuvent avoir plusieurs origines.Tout d'abord, les fuites sont alors plus probables lorsque les marchés fonciers sont compétitifs et intégrés à toutes les échelles et dans toutes les régions. Elles peuvent également exister lorsque la main d'œuvre et le capital sont très mobiles, les activités et émissions déplacées par la REDD s'écouleront alors facilement ailleurs.

Ensuite, si les sols forestiers de bonne qualité mais mal protégés par une réglementation insuffisante ou caractérisés par des prix fonciers bon marché sont disponibles, il existe une plus forte probabilité que des fuites se produisent dans ces périmètres plutôt que dans d'autres qui seraient plus éloignés, bien protégés, plus onéreux et/ou moins susceptibles d'être convertis à d'autres utilisations .

Par ailleurs les fuites de l'activité peuvent être perceptible lorsque la demande de produits soumis à des restrictions au titre de la REDD (bois, cultures, production animale, etc.) est inélastique par rapport au prix - autrement dit que la réduction de l'offre (suscitée par la REDD) n'aura pas pour résultat une forte diminution de la demande -.

---

[26] Pour les méthodologies approuvées pour les activités des B/R au titre du MDP voir : http://cdm.unfcccint/methodologies/ARmethodologies/approved_ar.html.

Les fuites concernent aussi les quantités de carbone stockées dans les zones protégées, comparées à celles vers où les activités restreintes pour la REDD se déplacent – y compris les variations dans le temps de stocks de carbone.

En tenant compte des préoccupations liées au développement, l'existence de fuites peut en fait indiquer que l'économie est en bonne santé : en réponse aux obstacles mis en place par la REDD, les facteurs de production circulent librement à la recherche de nouvelles opportunités, maintenant les pertes d'acquis sociaux au minimum. *« C'est en reconnaissant l'existence de compromis possibles entre l'objectif d'atténuation des émissions de CO2 d'une part et des objectifs de développement plus vastes d'autre part que nous pourrons peut-être arriver à accepter délibérément un certain degré de fuites et réorganiserons les priorités de nos actions d'atténuation »*. L'auteur présente les différentes origines des fuites qui se résument selon nous aux mesures et politiques sectorielles d'un pays. Comme solution aux problèmes de fuites Wunder (2008) prône entre autre la surveillance, l'élargissement à grande échelle et surtout neutraliser les composantes liées aux « modes de vie alternatifs ». Changer les modes de vie peut constituer un immense défi. C'est dans ce sens que Macey et al (2009) affirment *« le risque de fuite dans le REDD vient pour beaucoup du déséquilibre des politiques forestières entre les pays et des liens avec l'industrie et le marché des produits forestiers »*.

En filigrane, il existe des politiques et mesures incitatives qui provoquent substantiellement le déplacement des personnes et des biens. Ces politiques peuvent constituer un cadre d'analyse aux phénomènes de fuites.

APPLICATION DE LA REDD+ ET RISQUE DE NON PERMANENCE

Le fait que TSAYEM (2010) s'inquiète plutôt des difficultés de mesurer et de récompenser financièrement la déforestation évitée peut être un signe de non permanence. Selon lui, à travers les PSE, la REDD+ tente de mettre en place des instruments économiques marchands via les marchés carbone. C'est une approche selon laquelle la croissance économique et l'enrichissement doivent être suffisants pour enrayer les problèmes environnementaux. Mais « *cette conception théorique[27] qui sous-tend la REDD simplifie les processus de déforestation en ne prenant pas en compte la diversité et la complexité de ses causes, ainsi que les effets d'échelles qui se répercutent aussi bien au niveau international qu'au niveau national et locale* ». Ceci pourrait provoquer des risques de non permanence.

ONGOLO et al (2011) s'attardent plutôt à la théorie de la motivation, « *the theory of incentives* ». C'est une théorie véhiculée par la REDD. Elle fait appel aux gouvernements des Etats fragiles à se comporter comme des agents économiques. Le choix d'un coût d'opportunité basé sur l'analyse coûts-bénéfices devrait influencer les compensations financières. Ces compensations permettent d'implémenter et de renforcer les politiques et mesures qui doivent se traduire en terme de déforestation évitée. « *The reference to the theory of incentives is implicit but clear. The government is taken as any economic agent who behaves rationally i.e taking decisions after comparing the relative prices associated to various alternatives, then deciding to take action and implementing effective measures to tackle deforestation and shift the nation-wide development path* ». D'après ces auteurs, Cette théorie aurait des opportunités de fonctionner au sein d'un système décentralisé de gestion des ressources forestières. Cela signifie que dans un système de décentralisation fragile, les réductions de CO2 ne seront pas maintenues parce que les agents économiques n'ont pas eu assez des moyens incitatifs afin d'entretenir les changements des modes de vie alternatifs que charrient la REDD+. Soudainement, l'on se prédispose à une situation de non permanence.

Dans cette vision, l'institutionnalisation des forêts communautaires dès 1994 au Cameroun est d'une vive attention. Il a déclenché dans la mesure du possible un vent de privatisation collective (communautaire) du domaine national. A cet effet, l'initiative créée une participation massive des populations à la gestion des écosystèmes forestiers. Mais, aujourd'hui, ce sont ces mêmes bandes « agro-forestières » qui ont permis de régler la difficile alliance « espace forestier-espace agricole » et de contenir

---

[27] C'est un modèle économique dont la représentation graphique donne une courbe en U inversée ou « courbe environnementale de Kuznets ». D'après cette théorie, la déforestation augmente lorsque le niveau de revenu par habitant augmente dans des pays qui se développent. Lorsque ce niveau de revenu atteint un certain seuil, la déforestation commence à baisser du fait d'une meilleure prise en compte des problèmes environnementaux par les politiques publiques. Durant la phase de développement et d'augmentation des revenus, la déforestation se traduit par la transformation d'une partie du couvert forestier dense qui devient alors un couvert forestier défriché parsemé de mosaïques agricoles. La phase de réduction de la déforestation, consécutive à l'augmentation des revenus et au développement, se traduit par l'augmentation du couvert forestier suite aux boisements ou aux reboisements. Commentaire de la courbe par DEMAZE, (2010), Eviter ou réduire la déforestation pour atténuer les changements climatiques, Annales de Géographies, n°674 P. 349.

apparemment les systèmes locaux de gestion à des seuils critiques de dégradation et de déforestation.

Présentement, la gestion forestière est logée dans une logique de marché du carbone. Si les risques de non permanence se doivent d'être traités, une nouvelle forme d'aménagement forestier intelligente s'impose.

RAMAMONJISOA (1999) s'est penché sur l'évaluation de la pertinence des outils institutionnels et des concepts utilisés pour la protection des forêts à Madagascar à partir d'analyses institutionnelle et spatiale par comparaison des normes juridiques et techniques avec les pratiques réelles (analyse de la filière et diagnostic). En relevant l'importance des logiques économiques dans l'aménagement des territoires forestiers, il déclare : « *quelle que soit la stratégie institutionnelle adoptée pour rationaliser la gestion des espaces forestiers résiduels, il est important de rappeler que les fondements du système traditionnel répondent avant tout à des impératifs monétaires* ». Et ces impératifs monétaires nourris dans un contexte de lutte contre la pauvreté permettent de relever aujourd'hui la multiplicité des acteurs dans le partage de la rente forestière. De telle enseigne qu'a l'absence d'un système de régulation de l'accès à la ressource forestière pendant la commercialisation du carbone, il peut exister des liens de non permanence qui entravent les activités d'atténuation.

La ressource obéit donc à un découpage, un morcellement et aboutit à une sorte « d'atomisation » de l'espace forestier comme l'ont démontré NGOUFO et TSALEFAC (2003). En présentant l'évolution historique de la gestion du patrimoine camerounais du pouvoir colonial à l'état moderne, ils démontrent que le système actuel de gestion et l'atomisation conséquente du territoire favorisent les pratiques illégales. « *Dans tous les cas, l'économie d'enclave qui caractérise le secteur forestier camerounais est bien lié au fait que les acteurs en dehors de l'Etat recréent les conditions idéales du marché et de la concurrence. Ils recréent les conditions purement économiques et échappent aux contraintes politiques* ». Dans cette même vision, il serait tout à fait légitime de donner raison à KARSENTY (1999), lorsqu'il prétend à une « *fin de l'Etat forestier* » dans une approche d'appropriation de l'espace et de partage de la rente forestière au Cameroun. Cela montre en quelque sorte que le mouvement de privatisation collective des espaces qui se dessine tend vers une diffusion permanente du modèle rentier à de nouvelles couches sociales et favorise des alliances politiques, en risquant de faire exploser les fondements de l'Etat forestier. Ainsi *« la constitution des premières forêts communautaires est une illustration flagrante des stratégies poursuivies par les ruraux et leurs divers alliés attirés par le potentiel d'enrichissement de l'exploitation forestière ».* Cet enrichissement de l'exploitation forestière favorise la possibilité du carbone des réservoirs d'être émis à tout moment. Ce qui rend les réductions d'émissions non permanentes.

Toutefois, selon la loi N° 94/01 du 20 janvier 1994, et son décret d'application N° 95/531/PM du 23 Août 1995, la gestion communautaire des ressources forestières constitue un instrument de mise en application de la nouvelle politique forestière avec comme objectif principal la protection de l'environnement et la conservation des ressources naturelles : *« améliorer la participation des populations à la conservation et à la gestion des ressources naturelles ; afin que celles-ci contribuent à élever leur niveau de vie ».* D'où l'opportunité de s'interroger : la légalité qu'ont les populations à élever leur niveau de vie leur donne-t-elle la possibilité de programmer innocemment, sur le court terme la dégradation de leur patrimoine forestier ? Face à cette interrogation, OYONO et DIAW (1998) démontrent que le rapport de l'homme à l'espace et aux ressources est structuré par une organisation et des institutions sociales façonnées par la culture et par l'histoire. En effet, la problématique évoquée par ces derniers s'attelle à dégager l'enjeu essentiel des dynamiques et représentations des espaces forestiers au Sud Cameroun. *« C'est celui du choix entre des modèles concurrents de gestion et d'aménagement : gestion planifiée ou adaptative, dichotomique ou intégrative, spécialisée ou multisectorielle ? A ce questionnement se greffe celui du positionnement et du rôle des acteurs locaux et des décideurs externes dans ces processus ».* Un processus de participation des communautés qui ne doit pas perdre de vue la valeur économique de la forêt pour ces peuples riverains. L'implication des parties prenantes étant un facteur anthropique lié à la permanence des activités d'atténuation.

En effet, l'ONF (non daté) définit la permanence comme une garantie de l'impact climatique à long terme. Dépendamment des facteurs anthropiques : risques liés au montage du projet (risques contractuels, capacités et implication des parties prenantes), risques liés au pays d'implantation (conflits, corruption etc.) et des facteurs non anthropiques (sécheresse, cyclones, pestes végétales), la permanence est une question devant explicitement être traitée uniquement lorsque des crédits carbones vont être vendus. Il sera ainsi évident pour chaque pays forestier d'opter pour la mise en place d'un marché carbone. « Le traitement de la permanence est surtout pertinent si les parties s'accordent sur un mécanisme de marché pour la REDD+ » (Carmenza et al. 2008).

OYONO et DIAW (1998) tentent aussi d'exposer modèles concurrents de gestion et d'aménagement basé sur des politiques forestières et programmes de protection. Ceux-ci au Népal sont synonymes de permanence dans la REDD+. Les politiques forestières et programme de protection devraient être définies à plus de 30 ans. Trente années étant largement supérieures à la durée des droits d'usage qu'ont les communautés au Népal qui est de 10 ans. (Thapa , non daté)

Par ailleurs, les problèmes de permanence peuvent aussi être traités de différentes façons lors de la conception des politiques REDD+. Par exemple par la constitution de réserves des crédits carbone (Karousaki, 2009). Selon ce dernier, le risque de non permanence se réfère à l'éventualité du report à une date ultérieur des émissions dont la réduction a fait l'objet d'un crédit ou d'un paiement pendant une période dû aux perturbations naturelles ou anthropiques. En général, les approches proposées pour garantir la permanence sont liées à l'effectivité de la génération des crédits carbone. C'est une option appréhendé par Dutschke M. et Al(2008) qui fait recours à des négociations de responsabilités pour assurer la fongibilité des crédits : c'est le traitement des risques par la responsabilité partagée. Le but est de faire porter aux pays développé une part de responsabilité négociée de la permanence des crédits REDD+ une fois que ces crédits seront certifiés. Le pays en voie de développement pourra consentir un accès préférentiel à des crédits REDD à un pays développé pour avoir respecté ses obligations s'il partage les responsabilités en cas de non permanence. C'est une sorte de compensation bilatérale orientée vers les politiques et mesures les plus efficaces pour réduire les émissions dans le secteur forestier. Les pays bailleurs étant motivés pour investir dans la gouvernance forestière. Cependant, aucune forme de régulation des activités n'a été établi, ni le type d'activité REDD+. La gestion de responsabilité ou de risque est-elle relative aux activités de gestion durable des forêts ou de conservation qu'incluse la REDD+ ? L'approche responsabilité partagée recommande pour la gestion des responsabilités, partant la réduction des risques de non permanence sont perçues comme une obligation des pays donateurs à démontrer ses motivations de lutte contre les changements climatiques. A condition que les pays en voie de développement à l'instar du Cameroun puissent mettre en place des mesures d'impulsions supplémentaires à la création d'un système de régulation des activités d'atténuation.

V- <u>CADRE THEORIQUE ET CONCEPTUEL</u>

<u>Choix du cadre théorique</u>

Les conditions d'application du mécanisme REDD+, selon la CCNUCC via la SBSTA obéit à un cadre théorique en perpétuel évolution. Elles vont de l'application de la REDD+ du plan d'action de Bali (décision 2 / COP 13) à la conférence de Cancun décision 1 / COP 16). Mais dans le cadre de notre travail nous avons pris en compte les mesures issues de Cancun puisqu'elles ont constitué un cadre de référence aux rapports et décisions rendues par l'organe subsidiaire du conseil scientifique et technologique à Durban lors de la COP 17.

En effet, l'application de la REDD+ suppose la catégorisation des activités d'atténuation des changements climatiques selon les capacités et les circonstances nationales de chaque pays en développement. D'après la décision 1/ COP 16, paragraphe 70, il s'agit de :

a) **Réduction des émissions liées à la déforestation.**
b) **Réduction des émissions liées à la dégradation.**
c) **Conservation des stocks de carbone forestier.**
d) **Gestion durable des forêts.**
e) **Augmentation des stocks de réservoirs de carbone forestier.**

Selon le **paragraphe 73** de la même décision, ces activités doivent être mise en œuvre en phases avec comme première étape le développement des stratégies nationales, des politiques et mesures et le développement des capacités. La mise en œuvre de la stratégie nationale, des politiques et mesures devrait accompagner le renforcement des capacités

Une entente a été obtenue à Cancún sur la définition des activités de REDD+. Elle confirme, entre autres, que le mécanisme REDD+ sera déployé en trois phases (Phase I, II, et III) et détaille ces trois phases :

- **la Phase I** comporte les activités de renforcement des capacités, de récolte des données, et de développement des stratégies nationales ou des plans nationaux;

- la **Phase II** comporte la mise en œuvre de politiques, de mesures et d'activités pilotes;

- la **Phase III** fait référence au plein déploiement du mécanisme par le biais d'activités concrètes menant à des résultats.

Les Accords de Cancún invitent donc les pays développés à concevoir et à mettre en œuvre des politiques et des mesures de réponse aux changements climatiques qui éviteraient d'éventuelles conséquences sociales et économiques négatives pour les pays en développement, en fournissant notamment un appui financier et technologique ainsi qu'un renforcement des capacités.

Cependant, le paragraphe 74 reconnait que l'implémentation des activités admises au paragraphe 70 de la décision 1/ COP 16 cité ci-dessus repose sur le choix de chaque pays à commencer par l'une des phases 1, 2 ou 3. Ce choix dépendra des capacités institutionnelles, politiques, juridiques et socioéconomiques. Ces facteurs de mise en œuvre dépendront des circonstances nationales spécifiques de chaque pays et du niveau de supports techniques et financiers reçues. Dès lors, le fait qu'un pays forestier souhaite entreprendre des mesures d'application du mécanisme REDD+ via l'approche nationale, sous régionale ou infranational constitue pour notre étude un modèle d'analyse. L'enjeu du model d'analyse étant la fiabilité de la comptabilité carbone.

En effet, il existe différentes approches ou modèle d'analyse d'application de la REDD+ :

-**L'approche infranationale** ou par projet. C'est une approche qui met en question la capacité de certains pays à investir et à mener des politiques volontaristes sur le terrain. Elle remet parfois en cause la souveraineté du pays en privilégiant l'investissement du secteur privé. Il peut générer des risques de fuites sur les territoires voisins. Les pays qui ne peuvent implémenter les activités REDD+ par une approche nationale ont la possibilité de mettre en œuvre des projets. Cela permet aux différentes parties prenantes de participer à divers échelles de l'initiative carbone. Selon Angelsen et al, (2008), c'est une approche qui devrait être mise en œuvre dans une zone géographique bien défini ou à l'échelle projet, par des individus, des communautés[28] ou des compagnies privées.

-**L'approche nationale** qui couvre l'ensemble des frontières nationales d'un pays. La SBSTA a indiqué que, pour appréhender de manière efficace des thèmes comme les niveaux de référence, la permanence ou les fuites, il est préférable de disposer d'un cadre national et non d'un cadre basé sur des projets individuels. D'autre part cette approche pourrait se familiariser avec le **model NAMA ou Mesures d'atténuation appropriées au niveau national (MAAN) (voir le paragraphe 1(b) (ii) du Plan d'action de Bali).**

Conformément aux dispositions du protocole de Kyoto, en particulier le principe des responsabilités communes mais différenciées et des capacités respectives, et compte tenu des conditions sociales et économiques et des autres facteurs pertinents; les pays en voie de développement devraient s'engager à élaborer des **mesures d'atténuation appropriées au niveau national** dans le cadre d'un développement durable, soutenues et rendues possibles par des technologies, des moyens de financement et un renforcement des capacités, d'une façon mesurable, notifiable et vérifiable. (Plan d'action de Bali). D'où le concept NAMA[29].

-**L'approche imbriquée ou le « nested approach ».** C'est une approche mixte qui tient compte des difficultés de gouvernance forestière d'un pays. En dépit des circonstances nationales, elle donne la possibilité à un pays REDD de débuter les acticités à l'échelle projet. En attendant une amélioration des capacités institutionnelles requises. Les différents projets de part et d'autre du territoire national pourront transiter vers une approche nationale en ajustant les données du projet avec celles du niveau national.

---

[28] Les conclusions de SBSTA 29 (FCCC/SBSTA/2008/L.23) à Poznan plaident pour une participation aussi bien entière que réelle de la population indigène et des communautés locales.

[29] *« Un registre REDD+/NAMA pourrait faciliter a) l'enregistrement des actions REDD+ proposées, b) le suivi et la coordination des sources de financement et c) du MRV des actions et du soutien. Il veillerait à assurer la transparence et aiderait à garantir l'intégrité des actions REDD+ et du soutien bilatéral ».* (Charlotte Streck et Al, 20092).

C'est ce denier model qui a été choisi pour notre analyse et ce pour plusieurs raisons. Premièrement la REDD+ implique que soit clarifié les droits fonciers coutumiers. La question foncière est une question de politique nationale. Ceci dit, sa flexibilité est basée sur les circonstances nationales afin de saisir les risques de **non additionnalité.**

Deuxièmement, D'après la Décision 4/CP.1513 adoptée à Copenhague et portant sur les aspects méthodologiques du REDD+ « *lorsqu'ils établissent pour les forêts des niveaux de référence des émissions et autres niveaux de référence, les pays en développement parties devraient le faire en toute transparence en tenant compte **des données historiques, et effectuer** des **ajustements en fonction des situations nationales** [...]* ». Autrement dit si un **scénario de référence historique** est fait au niveau projet, l'on devra procéder à des ajustements en fonction des situations nationales.

D'autre part, selon le Meridian Institute (2011) les Niveaux de Référence sous-nationaux devraient être élaborés conformément aux mêmes règles et principes que ceux de types nationaux. Ensuite, Ils devraient suivre une série de critères communs qui facilitent la réconciliation ultérieure des Niveaux de Référence (NR) au niveau national.

En effet, « *Lorsqu'un pays adopte un NR national, le NR sous-national pourrait rester valide jusqu'à la période prévue pour son réexamen, à condition que le gouvernement national assure la cohérence entre le NR national et le NR sous-national existant* ».

De plus, le nested approach pourrait permettre de résoudre conjointement de **fuites** et traiter les embuches de **non permanence** via le marché carbone. Ce modèle d'analyse véhicule un certain nombre de concepts. Des terminologies nées du Mécanisme de Développement Propre[30].

<u>Définition des concepts</u>

Il s'agit ici de rendre opérationnels les principaux concepts qui se dégagent de notre thématique, c'est-à-dire de les décomposer en indicateurs nous permettant de passer des considérations abstraites aux données observables .

---

[30] Les modalités et procédures développées par le MDP sous le protocole de kyoto devrait servir de modèle pour la mise en œuvre institutionnel des activités à l'échelle projet. Angelsen et Al (2008) in *what is the right scale for REDD? The implications of national, subnational and nested approach*. CIFOR, infobriefs, n° 15, novembre 2008. 6 pages

De manière générale, notre sujet - **Contraintes liées à l'application du futur mécanisme REDD+ dans la gestion des forêts du Bassin du Congo : cas de la forêt communautaire GIC COVIMOF dans le Nyong-et-So'o (centre Cameroun)**- s'inscrit dans le cadre d'une géographie de l'environnement et de la gestion des ressources naturelles.

Le concept REDD+

Le « **mécanisme pour un développement propre** » prévu dans les instruments actuels du régime climat tel que le protocole de Kyoto n'accorde pratiquement pas d'incitations concrètes aux pays tropicaux à massifs forestiers. A l'origine, pour éviter la déforestation et la dégradation des forêts existantes, le concept RED mettait l'accent uniquement sur la dégradation des forêts, Réduction des Emissions liées à la Dégradation. Lors de la treizième session de la conférence des parties organisée en 2007 (COP 13), à Bali, en Indonésie, un accord a été conclu afin d'incorporer un mécanisme visant à réduire les émissions dues au déboisement et à la dégradation de la forêt (ajoutant ainsi un deuxième D à l'acronyme RED) dans les pays en développement (WRI, 2008).

La REDD, (Réduction des Emissions liées au Déboisement et à la Dégradation des forêts) est une proposition d'un mécanisme où les pays développés accordent des compensations aux pays en développement qui réduisent les émissions de gaz à effet de serre résultant du déboisement et / ou de la dégradation de leurs forêts. D'après Wangari MAATHAI, (2009) le REDD est « *une opportunité unique de préserver les forêts naturelles, pour qu'elles continuent de piéger le carbone et permettre à la terre de respirer. Les arbres auront alors plus de valeur debout qu'abattus* ». Et non une formule « gagnant- gagnant » pour les pays d'Afrique Centrale et pour la planète comme l'affirme Sendashonga (2007) : le mécanisme REDD est « *un consensus qui tienne en compte les intérêts de toutes les parties prenantes, en particulier ceux des pays en développement riches en forêts mais dont certaines couches de leurs populations continuent à croupir dans la pauvreté tout en vivant au milieu d'une telle richesse naturelle- la forêt.* »

Par ailleurs, Rakotoarijaona (2009) définit le processus REDD comme une « *occasion pour faire face simultanément aux changements climatiques et à la pauvreté rurale, pour appuyer les services environnementaux et conserver la biodiversité.* » Certains auteurs attribuent à ce concept une coloration purement économique. C'est le cas de Pirard (2008). Selon ce dernier, la REDD est une logique de récompense qui prévaut sur celle de compensation avec un mécanisme de marché qui permet aux Etats participants de maximiser des profits issus de la réduction de la déforestation. Cependant, bien que sujet à débat, le mécanisme REDD a suivi une évolution assez enrichissante (RED   REDD   REDD+ REDD++). Notre présente étude épouse l'approche Sendashonga et s'articule surtout sur la définition de gestion durable des forêts développée par la WRI.

En effet, la gestion forestière durable, dans une optique d'atténuation des changements climatiques reviendrait à appliquer les approches qui optimisent le stockage du carbone tout en créant des avantages socioéconomiques et environnementaux. La REDD+ implique en supplément la conservation et la gestion durable des forêts et l'amélioration du stock de carbone. La REDD++ quant à elle ajoute à la REDD+, l'agriculture et la gestion des sols.

D'autre part, le challenge à surmonter l'application du système REDD développé par The Forest Dialogue (TFD, 2008) engendre beaucoup de conditionnalité. Il s'agit entre autre de la clarté des droits fonciers et de l'utilisation des ressources forestières, des mécanismes de résolution des litiges fonciers, de la planification de l'utilisation des sols, la garantie dans la distribution des bénéfices et une application de la législation forestière.

Au demeurant, la présente étude appréhende la REDD+ comme un moyen d'inciter les populations à planter les arbres et à protéger la régénération des forestières ressources , d'en faire l'une de leurs principales activités conjointement à celles de l'agriculture et à trouver des compromis conduisant à l'exploitation à long terme des ressources forestières. La REDD+ / REDD++ ne sera applicable que si et seulement si les systèmes locaux de gestion des ressources forestières sont schématisés sur des modes d'appropriations conservatoires[31].

La REDD+ en général doit amener consciemment le paysan forestier à se rendre compte de l'importance de la forêt dans la régulation du climat mondial et de s'efforcer à ce que les pratiques agricoles soient remodelées à l'image d'une amélioration des conditions de vie intelligentes, non dégradantes de leur environnement

<u>Tableau n°1</u> Terminologie utilisée dans les négociations CCNUCC sur la forêt dans le processus de mitigation des changements climatiques

Terminologie	Contenu
RED	Déforestation
REDD	Déforestation et dégradation forestière
REDD+	Conservation, Gestion durable des forêts, Mise en valeur des puits de carbone

---

[31] Les approches conservatoires encouragent une reconnaissance des droits coutumiers dans les procédures de gestion communautaire.

<u>**Tableau n°2**</u> **Conditions multi phase d'application de la REDD selon la CCNUCC**

Condition d'application du mécanisme REDD+	Application progressive à travers les phases	Tendance progressive vers une approche mixte (nested appoach)
PHASE PREPARATOIRE 1	-Elaboration d'une stratégie nationale REDD, renforcement des capacités institutionnelles et techniques. -Analyses des causes de la déforestation/ dégradation Définition de la législation nationale en matière REDD+, crédit carbone, clarification foncière -Mise en œuvre des institutions responsables et leurs réseaux de coordinations intersectorielles Mécanisme de partage des bénéfices REDD+	Conception d'une base méthodologique pour le développement des projets pilotes REDD+.
PHASE PREPARATOIRE 2	Renforcement des capacités de gouvernance Reforme des politiques[32] en matière REDD+, renforcement du système MRV, conception d'un Base line national, Conception d'une base méthodologique du suivi du changement du couvert forestier	Rapports et recensement des activités pilotes à l'intérieur du territoire national.
PHASE DE CONFORMITE (application effective)	Paiement selon les résultats mesurés, vérifiés et rapportés.	Articulation des projets REDD+ avec la comptabilisation nationale carbone

<u>**Source**</u> **: Adapté de la CCNUCC, 2009**

L'application du mécanisme REDD+ s'étend sur trois phases. Tout au long de celles-ci, il existe un certain nombre de contraintes qui peuvent réduire l'atteinte des réductions d'émissions en termes d'efficacité, d'effectivité et d'équité.

Les contraintes d'application du futur mécanisme REDD+ réside dans la résolution des problèmes de Scénario de référence, d'additionnalité, de fuites et de non permanence.

---

[32] Il s'agit des politiques et mesures concernant le droit foncier, le droit du carbone forestier, l'aménagement du territoire, l'amélioration et l'application des lois forestières en faveur de la lutte contre la déforestation, la réforme des institutions impliquées dans la gestion des écosystèmes forestiers, et l'élimination des mesures qui favorisent l'exploitation illégale et entretiennent la dégradation/déforestation.

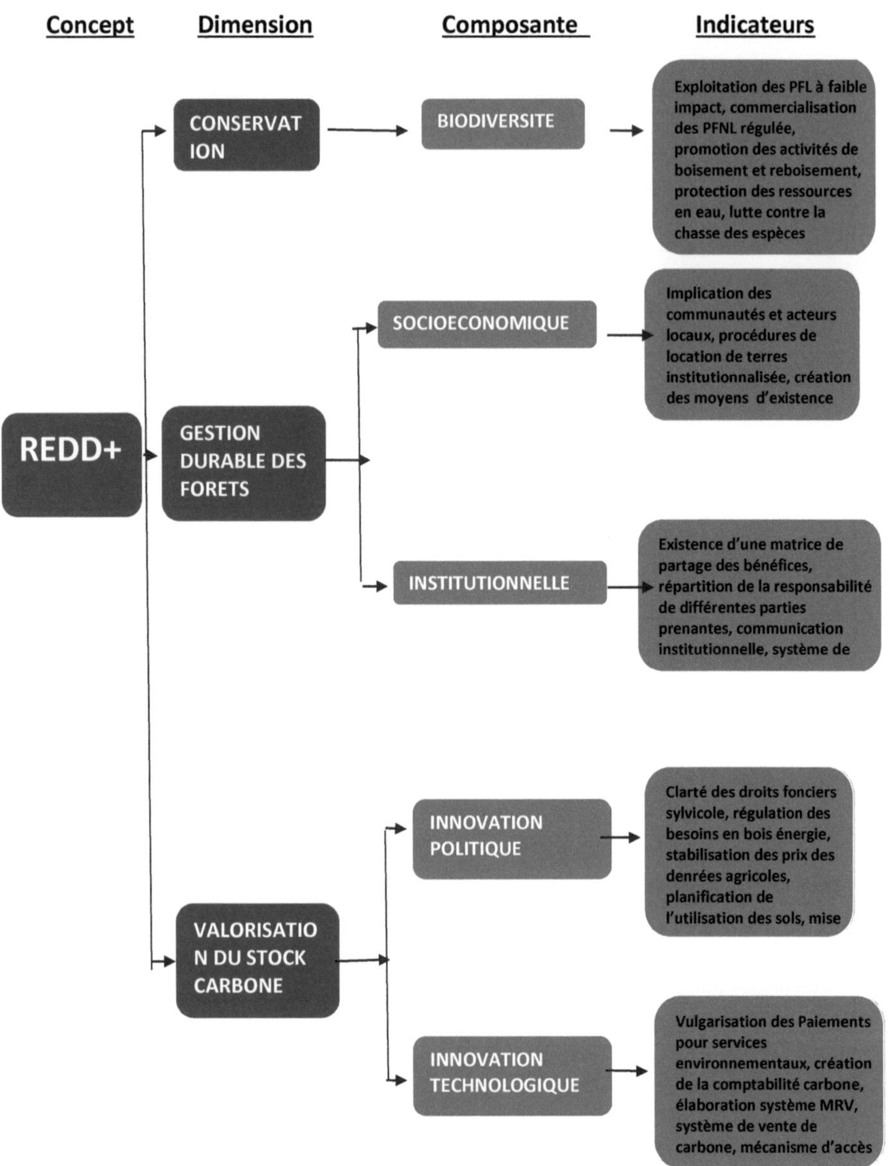

Figure 2: conceptualisation de la REDD+

Source : Agoum ghislain, 2011

41

<u>**Scénario de référence :**</u> c'est la base de calcul des stocks de carbone économisé pendant une période d'efforts et de changements de pratiques. Il matérialise le niveau standard des émissions d'une zone géographique donnée. Le niveau (ou base) de référence BAU est l'étalon de mesure pour évaluer l'impact des politiques et mesures REDD, alors que le niveau de référence pour la comptabilisation est l'étalon de mesure à partir duquel un pays (ou un projet) sera récompensé par l'attribution de crédits REDD.

<u>**Non additionnalité :**</u> Ensemble de menaces socio institutionnels et structurelles identifiées au sein du mode de gestion d'un espace forestier donné qui sont justifiées par des intérêts et des motivations parties divergentes. Ce sont des éléments issus du mode de vie des populations forestières qui sont sensés entraver le processus de toutes activités d'atténuation.

<u>**Fuites**</u> Les fuites sont synonymes de déplacement, de mobilité ou de migration. Elles traduisent le déplacement des activités proscrites (mauvaises pratiques ou actions de survie) à émissions de CO2 de la zone à projet vers des espaces forestiers qui ne sont pas directement prise en compte dans le calcul de stock de carbone à valoriser. Ces mauvaises pratiques ou actions de survie peuvent être déplacées ailleurs à cause des politiques et mesures qui autorisent les parties prenantes.

<u>**Non permanence**</u> En général, dans un contexte REDD+, la permanence est perçue comme une forme de continuité des activités de réductions d'émissions. Lorsque les activités d'atténuation parviennent à réduire les émissions de carbone pendant une période déterminée, cela signifie que les crédits carbones ont été continuellement versés à qui de droit. En cas de rupture de compensation financière, les activités deviennent non permanentes. D'autre part, le risque de non permanence des activités REDD+ peut être dû à un déficit du système de contrôle ou de surveillance des activités des parties prenantes. Surtout lorsqu'il s'agit du volet gestion durable des forêts ou conservation.

Ces différentes conditions constituent **des contraintes de gestion** à l'application du futur mécanisme REDD+.

<u>**Le concept de contraintes de gestion**</u>

Selon l'encyclopédie en ligne (www.dicoplus.org), les contraintes sont définies comme des exigences, inconvénients liés à un usage, une nécessité. Il est question des violences qu'on exerce contre quelqu'un pour l'obliger à faire quelque chose malgré lui, ou pour l'empêcher de faire ce qu'il voudrait.

Toutefois Hohmann (2010) fait remarquer que les contraintes font partie d'une théorie. C'est une philosophie de management qui se concentre sur les performances des contraintes, souvent des ressources limitées, pour améliorer la performance globale du système. *« Une contrainte est un facteur qui limite la performance d'un système, sa capacité à atteindre un but. »* Pourtant pour Darses (1995), les contraintes ne sont pas des spécifications initiales

ONCEPT	DIMENSION	COMPOSANTE	INDICATEUR
CONTRAINTES DE GESTION	**SCENARIO DE REFERENCE**	SPATIALE	Image satellite du changement du couvert forestier, proximité de Mbalmayo 12 km, définition de la forêt
		HISTORIQUE	Données d'activité et facteurs d'émission, Revenu par habitant, PIB, taux de déforestation national
	NON ADDITIONNALITE	SOCIO ECONOMIQUE	Absence de partage des bénéfices, absence de réalisations socioéconomiques, exploitation illégale, individualisme des populations commercialisation des PFNL, de bois de chauffe, des produits agricoles issus de l'agriculture sur brûlis, conflits fonciers.
		JURIDICO INSTITUTIONNELLE	Conflit entre droit coutumier et droit étatique, absence de coordination entre les parties prenantes (MINFOF,MINEP MINADER),
	FUITES	MOBILITE (DES BIENS et des personnes)	Recherche du bois énergie, Infrastructure routière, politique agricole entrainant le déplacement des planteurs
		SOCIO CULTURELLE	Vente des parcelles communautaires aux étrangers, disponibilité du couvert forestier en dehors de celui de la COVIMOF, Mise location des terres en dehors de l'espace COVIMOF , mariage entre de personne du village voisin dont l'un est inclut dans la FC.
	NON PERMANENCE	INSTITUTIONNELLE	Conflit entre le GIC et la communauté, absence de contrôle du PSG, difficulté d'encadrement des ruraux, difficile implication des populations à la foresterie communautaire,
		POLITIQUE	Corruption, faiblesse du processus de foresterie communautaire, Politiques agricoles, soit 16 GIC agricoles ont été créé dans la COVIMOF

du problème, mais des relations de dépendance entre variables du problème. *« Le terme contrainte est communément utilisé pour qualifier des spécifications, des problèmes, des mesures de performance et des objectifs énoncés dans la définition du problème. »*

Dans le cadre de notre étude, les contraintes sont un ensemble de variables itératives qui s'identifient à l'intérieur d'un système de gestion communautaire des ressources naturelles.

D'un autre côté, Lavigne-Delville (1998) constate que le terme de gestion est ambigu et recouvre différentes fonctions, très distinctes, mieux rendues en anglais par la distinction entre gouvernance (l'art de diriger), management (l'art de prendre les décisions), et operating (la mise en œuvre). En effet deux dimensions importantes sont particulièrement considérées : **la décision** qui renvoie aux questions plus politiques de pouvoir, de communication, d'information et l'**organisation** qui renvoie aux questions d'anticipation, de mobilisation, de participation. (Etienne Coyette, 2004). Cette dernière tente de donner une définition du concept de gestion territoriale des ressources : *« ensemble des méthodes et processus mis en place par des groupes d'utilisateurs à l'échelle de territoires définis et acceptés par ceux-ci en vue de planifier, réguler et organiser l'usage durable et reproductible des ressources de ce territoire. »*

Si l'on n'arrive pas à réaliser ces principes, c'est à cause d'un certain nombre de contraintes qui entravent le système de gestion.   Notre   étude   porte   sur   les **contraintes de gestion** (gestion communautaire).

Les contraintes de gestion sont un **ensemble de variables physiques, socioéconomiques, politiques et institutionnelles interdépendantes les unes des autres. Elles agissent à des échelles d'organisation et de décision dans le but d'influencer de façon itérative et progressive les méthodes et les processus de régulation mis en place par des groupes d'acteurs et empêchent d'une certaine manière la réalisation d'objectifs poursuivis dans le cadre de l'atteinte de performances des activités REDD+.**

En d'autres termes, appliquer la REDD+ reviendrait à gérer les risques de non additionnalité, de   fuites et de non   permanence ou à résoudre les problèmes méthodologiques de Scénario de référence.

VI- <u>OBJECTIFS</u>

Pour mener à bien le présent travail, il est nécessaire de se fixer un certain nombre d'objectifs à atteindre, lesquels objectifs nous orienteront tout au long de nos investigations.

<u>Objectif général</u>:

Pour une réussite des actions d'atténuation des changements climatiques par les forêts, l'expérience acquise en matière de gestion des forêts communautaires devrait apporter des enseignements utiles à la réflexion sur la REDD+. Cette étude se veut donc un outil à mettre à la disposition des décideurs afin **de contribuer à l'élaboration d'un cadre politique, institutionnel et socioéconomique apte à inciter les systèmes collectifs de gestion des forêts du Bassin du Congo à accueillir la mise en œuvre du futur mécanisme REDD+(maitrise des éléments techniques et méthodologiques sur le scénario de référence, l'additionnalité, les fuites et la permanence).** L'atteinte de cet objectif général passera par la réalisation des objectifs plus précis.

<u>Objectifs spécifiques</u>

Plus précisément, il sera question de :

1- Recenser les activités et les facteurs de déforestation/dégradation pouvant contribuer à l'élaboration du scénario de référence.

2- Mettre en évidence l'identification des acteurs usagers de la COVIMOF, leurs responsabilités respectives et leurs enjeux liés à l'application d'une gestion durable de la ressource forestière qui constituent les risques de non additionnalité.

3- Identifier les dysfonctionnements et les éléments de réformes politique pouvant constituer les risques de fuites au sein de la COVIMOF.

4- Identifier les conflits, incohérences, faiblesses des mécanismes institutionnels de régulation d'accès à la ressource, diversité d'intérêts des groupes d'acteurs et leurs influence sur la gouvernance et la permanence d'un éventuel projet REDD+ dans le GIC COVIMOF.

5- Evaluer la capacité des acteurs à s'approprier des alternatives institutionnelles, politiques et socio-économiques liées aux exigences de la mise en œuvre du futur mécanisme REDD+ (surmonter les contraintes de non additionnalité, de niveau de référence , de fuites et de non permanence).

Tels sont les principaux objectifs qui guideront nos recherches tout au long de ce travail.

VII- <u>HYPOTHESES DE RECHERCHE</u>

La réalisation de nos objectifs nécessite que soient formulées des hypothèses qui devront être confrontées à la réalité du terrain et aboutir à l'élaboration des règles générales. Ce sont elles (hypothèses) qui nous orienteront dans la sélection et l'analyse des données.

<u>Hypothèse générale</u>

Les populations sont encadrées par une régulation timide. Elles sont alimentées par des systèmes de propriété et politiques publiques dont le contenu les incite moins à s'inscrire dans une logique de conservation, voire de reboisement ou même de réductions des émissions de carbone. Dans le cadre de notre étude, **les contraintes de gestion liées à l'application de la REDD+ peuvent être identifiées au niveau des facteurs politiques, institutionnels et socioéconomiques qui influencent le mode de fonctionnement de la forêt communautaire et par conséquent la qualité de vie des populations du GIC COVIMOF.**

Pour être plus opérationnelle, cette hypothèse centrale peut être décomposée en un certain nombre d'hypothèses beaucoup plus spécifiques.

<u>Hypothèses spécifiques</u>

1-Les données d'activité et des facteurs d'émissions liées à la déforestaion/dégradation qui permettent l'élaboration du scénario de référence de la FC (sous national) ne sont disponibles.

2 -Les communautés locales (Molombo, Okékat , Foakélé etc.), ainsi que les sociétés forestières, ONG et Etat véhiculent des motivations et pratiques assez contrastées qui peuvent entraver l'additionnalité du processus REDD+.

3 -Les incohérences politiques et mesures quelle que soit leur nature, les systèmes fonciers forestiers communautaires et la planification inadaptée de l'utilisation des sols engendrent les phénomènes de fuites sur la permanence de la REDD+ dans la COVIMOF.

4-L'exploitation illégale, les mécanismes de contrôle et les modes de résolution des conflits constituent des contraintes qui affaiblissent la permanence des futurs activités REDD+ au sein du GIC COVIMOF.

5- L'implémentation du futur mécanisme REDD+ au sein du GIC COVIMOF nécessite un traitement progressif des faiblesses et fragilités institutionnelles, politiques et socioéconomiques à tous les niveaux de gestion qui permettront la résolution des problèmes de non additionnalité, de niveau de référence, de fuites et de non permanence.

VIII- <u>METHODOLOGIE DE LA RECHERCHE</u>

Il s'agit ici de présenter les différentes méthodes techniques et démarches à mettre en œuvre pour réaliser nos objectifs et confronter nos hypothèses à la réalité du terrain. La méthodologie envisagée dans le cadre de ce travail se résume essentiellement à la recherche documentaire, aux enquêtes de terrain, à l'analyse des cartes et photographies aériennes, enfin au traitement et à l'analyse des données.

I- <u>La collecte des informations</u>

Elle se fera à travers la recherche bibliographique, les investigations de terrain et l'exploitation des documents cartographiques.

A- <u>La recherche documentaire</u>

C'est la première phase du processus de recherche qui consiste en la lecture d'ouvrages (ouvrages généraux, articles, mémoires et thèses, communications diverses, revues, bref tout ce qui est document livresque), et l'exploitation des archives (archives publiques, privées, personnelles). Les lectures d'ores et déjà engagées nous ont permis de construire les bases théoriques de notre sujet, c'est-à-dire la réalisation du présent projet de thèse. Plus exactement, elles nous ont presque permis de cerner le problème dans sa globalité et de mieux le recentrer, le réorienter et le positionner par rapport aux problématiques abordées par d'autres sur la question. Ces lectures effectuées jusqu'à présent dans les bibliothèques du Centre de Recherche sur les Hautes Terres (CEREHT), du Laboratoire de Recherche Comparée pour le Développement (LARCOD), de la bibliothèque centrale de l'université de Dschang, du département de Foresterie de la faculté d'agronomie et des sciences agricoles de cette même université et la consultation de certains Sites Internet seront poursuivies dans celles de l'université de Yaoundé 1, de la Cameroon Environnemental Watch (CEW), de l'Union International pour la Conservation de la Nature (UICN) et du Centre de Recherche International en Foresterie (CIFOR).

Les travaux d'archives s'effectueront surtout au niveau du Ministère de l'Environnement et de la Protection de la Nature, du Ministère des Forêts et de la Faune et à la Délégation Départementale des Forêts et de la Faune du Nyong et So'o. Les informations ici recueillies permettront d'apprécier l'évolution des politiques et lois sur la gestion des forêts communautaires, la nature et la récurrence des infractions y relatives. Elles devront également permettre de déterminer et évaluer la nature du système de droit de propriété qui prédomine et ses conséquences sur les stratégies d'application effectives du mécanisme REDD+ en cours. Enfin nous nous rendrons aux autres Délégations Départementales suivantes : de l'Agriculture et du Développement Rural, du Plan et de l'Aménagement du Territoire, des Domaines et Affaires Foncières. Les éventuels projets de développement agricole de ce Département seront aussi visités. La rencontre avec les ONG qui interviennent dans l'encadrement ou l'assistance de la forêt communautaire GIC COVIMOF à l'instar du CED (Centre pour l'Environnement et le Développement) et de l'observatoire indépendant des infractions forestières le

REM[33], n'en seront pas du reste. La recherche documentaire sera complétée par les travaux de terrain.

B- <u>Les enquêtes de terrain</u>

Elles passent par l'observation directe, les entretiens exploratoires et l'observation indirecte (placement des questionnaires).

1- <u>L'observation directe</u>

Elles consisteront à cerner le sujet dans sa globalité à partir des entretiens subreptices, d'observations empiriques et d'expériences vécues sur le terrain. Déjà entamée, cette phase de prise de contact avec l'objet d'étude (les systèmes de propriété communautaire) nous a permis de mieux peaufiner la problématique et la pertinence de notre sujet. Elle nous aidera par la suite à appréhender le phénomène (les pratiques dégradantes) dans sa réalité, à mesurer son ampleur, à le caractériser et à circonscrire l'espace forestier et son voisinage qui constitue la zone d'étude.

a- <u>Les entretiens exploratoires</u>

La technique consiste ici à mener des entretiens, des interviews avec des personnalités ou des personnes cibles (autorités administratives et traditionnelles, personnes ressources, membres des huit communautés, le gestionnaire du GIC, et les ONG etc.). Ces entretiens seront menés au moyen des guides d'interview, c'est-à-dire des supports sur lesquels sont mentionnées quelques questions centrales ou globales, très ouvertes, adressées aux interlocuteurs suivant un procédé semi dirigé. De la sorte, nous poserons les questions l'une après l'autre et laisserons l'interviewé s'exprimer librement pour lui permettre de faire largement état de ses connaissances et de ses opinions sur le problème posé. Nous n'interviendrons éventuellement que pour préciser la question, recentrer le débat ou relancer ce dernier. Cette méthode permettra de saisir le phénomène de manière ramassée en même temps qu'elle permettra de le caractériser de façon générale et d'obtenir les premiers résultats.

---

[33] Resource Extraction Monitoring

- <u>Les autorités administratives et traditionnelles</u>

L'entretien avec les autorités administratives (responsable du ministère chargé des questions de foresterie communautaire, délégué des eaux et forêts, services de l'agriculture, des domaines …etc.) nous permettra entre autres de cerner leur perception des systèmes d'appropriation communautaire qui s'opèrent dans la plupart des forêts communautaires et d'analyser leurs interventions des politiques publiques et leur degré d'implication dans le problème de lutte contre les changements climatiques par la promotion des activités de reboisement enfin de s'outiller pour des éventuels projets REDD+, de dégager l'importance accordée à cette forme de logique économique par les profits à long terme que pourra procurer le marché des crédits carbone. Par ailleurs, il sera aussi question de saisir les responsables des ONG enfin de mieux appréhender les aspects techniques, juridiques, politiques et économiques qui sous-tendent foncièrement les pratiques dégradantes et qui expliquent l'inertie des systèmes de propriété à la consolidation des actions de reboisement.

Les rencontres avec les différents chefs de chacune des huit communautés (Melombo, Okékat et Fakélé1, fakélé2, Ayos, Akak, Akomnyada1 et Akomnyada2), riveraines de la forêt nous permettront de savoir les systèmes de gestion de l'espace communautaire (traditionnelle, moderne ou mixte) qui se développent présentement.

-<u>Les personnes ressources</u>

Il s'agit dans ce contexte des membres de la communauté intervenant directement dans la gestion du GIC COVIMOF et l'ensemble des populations résidentes ou non, pratiquant des activités à l'intérieur de la forêt. Les personnes ressources intervenant également dans la gestion du GIC sont le Délégué Départemental des forêts et de la faune, le Chef de poste de contrôle forestier et de chasse de l'Arrondissement de Mbalmayo et le Sous-préfet de Mbalmayo.

b- <u>L'observation indirecte</u>

C'est la phase d'enquête par questionnaire. En raison de la thématique étudiée et surtout de la durée qui nous est impartie, nous procéderons au type d'enquête à passage unique. Les questionnaires seront administrés selon un mode d'entretien essentiellement directif. Ils devront comporter des questions fermées (orientant l'enquêté vers des indicateurs de réponse définis) et des questions ouvertes donnant libre cours aux réponses de l'enquêté tout en lui permettant d'exprimer ses opinions propres. Leur placement se fera essentiellement auprès des différents individus de la communauté qui opèrent des activités dans la forêt communautaire.

L'exploitation et l'analyse des questionnaires collectés permettront de dégager les mobiles à l'origine des pratiques dégradantes, le statut des acteurs-usagers et leur motivation à employer le système de propriété moderne ou traditionnel. Elles permettront également d'identifier ces acteurs et leurs stratégies de contrôle de la ressource, leurs contraintes et de déterminer les possibilités de réussite ou non de l'application de la futur REDD+. Les contraintes pourraient concerner les difficultés liées aux mécanismes de gestion à provoquer explicitement des incitations de reboisement.

2- **Les techniques d'échantillonnage**

Elles consistent à déterminer une fraction limitée de la population à enquêter. Ce procédé passe par un certain nombre d'opérations.

- **La constitution de la base de sondage**

La forêt COVIMOF regroupe 8 villages. Nous comptons prélever proportionnellement une certaine quantité (10 par village) à l'intérieur de chaque village riverain, centrée uniquement sur la population active qui possède des parcelles cultivables ou en jachère à l'intérieur de l'espace communautaire. En effet, selon les statistiques provenant du nouveau plan de gestion simple, la base de sondage constitue ceux âgés de 30 ans et plus d'un total de 397 personnes. 80 personnes de cette population active doivent être enquêtées. Ceci en tenant compte du volet participatif de la descente sur le terrain.

Les ONG et d'autres institutions qui interviennent dans la gestion de cet espace forestier feront aussi l'objet de quelques interrogations.

- **La structure de l'échantillonnage**

Pour assurer la représentativité de l'échantillon, nous veillerons à ce que toutes les catégories des acteurs –usagers soient prises en compte. C'est-à-dire les membres et les non membres de la COVIMOF disponibles à être enquêtés.

Le placement des questionnaires se fera par nous-mêmes, mais surtout avec l'aide d'un guide pour les difficultés de dialecte que nous saurons recruter et former pour la cause. Par ailleurs, l'exploitation des cartes et photographies aériennes sera d'une grande nécessité.

C- <u>Les cartes et les photographies aériennes</u>

Ce sont des puissants outils permettant de spatialiser l'analyse des phénomènes géographiques. Les supports cartographiques nous ont permis de circonscrire et de matérialiser notre zone d'étude. Ils permettront aussi et surtout de localiser et de représenter les phénomènes étudiés (pratiques dégradantes), les plus significatifs, de matérialiser l'organisation spatiale des systèmes de droit de propriété.

L'exploitation des photographies aériennes diachroniques et même des images satellitaires, leurs traitement et analyse ainsi que les techniques de télédétection (s'ils en existent) seront utiles dans l'analyse de la dynamique des systèmes de gestion communautaire. Ces dynamiques sont induites par l'évolution des systèmes de propriété communautaire liée à l'influence de la conjoncture économique dès l'arrivée des programmes d'ajustement structurel. C'est ainsi qu'on pourra juger le degré de ces systèmes à combattre les pratiques en cours, et accueillir sans ambages les activités REDD+.

D- <u>Le traitement et l'analyse des données</u>

Elle consistera au dépouillement des questionnaires, à leur analyse et à leur interprétation. Pour ce faire, les tableaux à double entrée, seront utilisés pour la structuration des différentes données afin de les rendre quantifiables et de pouvoir établir les relations et les corrélations qui se jouent entre différents variables ou indicateurs. Ensuite, les données des plus expressives et des plus significatives feront l'objet de représentations graphiques ; et les phénomènes des plus marquants ou observables seront spatialement représentés au moyen des cartes ou illustrés par des planches photographiques. Des tableurs tels que SPSS et des logiciels de cartographie dont CorelDraw et MapInfo serviront d'outils pour le traitement, l'analyse et la représentation cartographique des données recueillies.

Tels sont les différentes techniques, et démarches et méthodologies qui nous permettront de confronter nos hypothèses à la réalité des faits en vue de réaliser nos objectifs.

IX- <u>LES LIMITES DE L'ETUDE</u>

Il nous semble convenant de présenter au préalable les écueils rencontrés au cours de la réalisation de cette étude et qui seraient de nature à entacher les résultats et donc les conclusions.

Les limites financières : Les contraintes financières se sont fait ressentir lors de la fréquence des descentes sur le terrain. Les multiples recours au sein de l'appareil administratif (MINFOF, MINEP MINADER en particulier) sur le processus REDD+ ont provoqué des multiples déplacements à la recherche de la maitrise institutionnelle sur le plan de la déforestation évitée.

Les difficultés méthodologiques : d'une part les données sur la REDD+ sont instables. Elles sont actuellement en débat au sein de la CCNUCC via l'OSCST. De plus, les données qualitatives ont été difficilement recueillies à cause de la difficile perception de la notion de foresterie communautaire par les populations du GIC COVIMOF. En effet l'échec de l'institutionnalisation de la COVIMOF conjugué à l'absence de réalisations sociales a rendu les communautés foncièrement réfractaires à l'égard de toute personne étrangère sensée mentionné le GIC. D'autre part la disponibilité des ouvrages sur la REDD+. La plupart des ouvrages proviennent de l'internet, ceci est dû à la carence des ouvrages traitant de l'atténuation des changements climatiques par les forêts dans les différentes bibliothèques visitées. Par ailleurs, dans ce travail, nous traitons des contraintes de gestion qui sont entre autre les risques de fuites, de non permanence de non additionnalité. Ceci supposerait avoir les données méthodologiques établies par l'OSCST. Ce qui n'est pas le cas. Las conclusions de la COP 17 tenue à Durban ne sont pas explicites sur ces points.

En définitive, La REDD+ est actuellement en débat au sein de la convention cadre des nations unies pour les changements climatiques. Les derniers échanges se sont passés en début décembre 2011. Actuellement, l'arsenal méthodologique sur l'application du mécanisme REDD est en cours et sollicite des échanges compte tenu des circonstances nationales et socio culturelles de chaque pays forestiers.

X- ANNONCE DU PLAN

Notre travail comprend : une introduction générale, la définition du sujet, la délimitation spatiale et temporelle du sujet, la problématique, les questions de recherche, le contexte scientifique, le cadre conceptuel, les objectifs, les hypothèses et la méthodologie. Ensuite viendront les différents chapitres qui se présentent comme suit :

Le premier chapitre porte sur la présentation les aspects négatifs ou positifs du contexte physique et humain   des du GIC COVIMOF qui peuvent produire les données d'activité et les facteurs d'émissions pour l'établissement d'un scénario de référence.

Le deuxième chapitre traite des acteurs, enjeux socioéconomiques et environnementaux comme menaces à l'additionnalité des futures activités REDD+.

Le troisième chapitre est consacré aux politiques et mesures qui justifient les systèmes d'appropriation dans la COVIMOF et occasionnent les fuites par la disponibilité des espaces forestiers avoisinants.

Le quatrième chapitre traite des formes de contrôle, de surveillance des activités et les mécanismes de résolution des conflits axées sur le fonctionnement du GIC COVIMOF qui peuvent empêcher la permanence d'un projet REDD+.

Le cinquième chapitre est focalisé une proposition des outils techniques, institutionnels, politiques et socioéconomique qui contribuera à la mise en œuvre et la régulation de la REDD+.

Dans la conclusion et perspectives, il serait question pour nous de faire des suggestions possibles pour freiner en général l'évolution des contraintes de gestion. Ces risques étant liés, dépendra d'une volonté politique intelligente et prospective axée sur un développement sobre en carbone.

CHAPITRE I : La FORET COMMUNAUTAIRE GIC COVIMOF : CONTRIBUTION DE L'ETAT DES LIEUX A LA DETERMINATION DU SCENARIO DE REFERENCE.

Durant plusieurs années, la gestion des écosystèmes forestiers a été focalisée sur le devenir des populations riveraines. Il est maintenant internationalement reconnu que le changement climatique a des effets disproportionnés sur les communautés vulnérables, notamment sur les populations autochtones proches des forêts (GIEC, 2007). L'atténuation des changements climatiques par les forêts incombe ainsi aux communautés rurales. *« Les discussions internationales actuelles à propos de la REDD semblent peut-être se focaliser davantage sur les populations autochtones que n'importe quel autre outil de politique d'atténuation étudié dans le cadre de la CCNUCC dans le passé ».* (UNU-IAS, 2009).

En effet, dans un tel contexte, la forêt communautaire GIC COVIMOF entend œuvrer dans ce sens. Conscient des changements du climat, les populations affiliées aux GIC COVIMOF peuvent-ils présenter des opportunités ou des potentialités humaines et physiques pour une application du futur mécanisme REDD+ ?

Cette partie du travail permettra de d'évaluer les atouts et les faiblesses techniques et humaines qui devront dédouaner tous soupçons à implémenter le processus REDD+ ; ou renforcer toute initiative de renforcement des capacités. Pour y parvenir, nous avons pu admettre que l'espace forestier COVIMOF est doté d'un avantage physique[34] à s'inscrire à un processus REDD, mais regorge sur le plan humain des lacunes pouvant hypothéquées les activités REDD+ (exemple la mesure du carbone). L'analyse s'est faite à base des observations faites sur le terrain, du recueil des données issues du Plan Simple de gestion de la forêt communautaire GIC COVIMOF et surtout des principes et recommandations des lignes directives du GIEC en matière de détermination d'un scénario de référence. Quelques déclarations des populations sur l'état de l'espace forestier durant les 15 dernières années ont également été prises en compte.

---

[34] Première zone agro écologique selon le R-PP : zone forestière bimodale, superficie 165 770 Km², pluviométrie 1500 à 2000 mm/an, 2 saisons humides distinctes. Sols ferralitiques, acides, argileux, faibles capacités de rétention des éléments nutritifs. Cultures : Cacao, Café, manioc, plantain, maïs, huile de palme, ananas.

L'état des lieux de la forêt communautaire GIC COVIMOF s'appréhende à trois niveaux. L'état physique de la COVIMOF, le contexte humain et les aspects infrastructurels du GIC COVIMOF.

I - Le contexte physique de la forêt communautaire GIC COVIMOF

I.1 Situation et de localisation de la forêt GIC COVIMOF

Les forêts du Bassin du Congo et les forêts tropicales humides en général suscitent de plus en plus d'intérêt en raison du rôle majeur qu'elles peuvent jouer dans l'atténuation du changement climatique et des quantités importantes de gaz à effet de serre rejetées dans l'atmosphère à cause du déboisement et de la dégradation des forêts. Selon la WRI, les forêts tropicales couvrent environ 7 à 10 % de la superficie des terres de la planète alors qu'elles stockent un volume important du carbone mondial dans la végétation terrestre.

Au Cameroun, les forêts couvrent 41,3% du territoire national soit 19,1millions d'hectares des forêts denses reparties en 18,6 millions d'ha de forêts denses humides, 227 818 ha de forêts de montagnes. La covimof fait partie de la zone agro écologique à pluviométrie bi modale (région du centre).

En effet, l'espace COVIMOF est située spatialement dans les forêts du bassin du Congo. Elle se focalise singulièrement au Cameroun, dans le département du Nyons-et-So'o, région du centre Cameroun. En effet, *« d'après les études récentes et qui font autorités en la matière, ...la déforestation moyenne brute entre 1990 et 2005 est restée modeste, autour de 0,14 pour cent par an. Le recul des forêts se reproduit dans le centre du pays, c'est-à-dire en dehors des forêts de productions et des parcs nationaux, dans le domaine forestier non permanent où la population s'accroît rapidement et où la conversion des terres à l'agriculture est une possibilité légale reconnue. »* (TOPA et Al, 2010). De plus, parmi les16 « points chauds » (hotspots) de la dégradation et de la déforestation identifiés en Afrique centrale en 1997 par le projet TREES, 4 sont situés au Cameroun. La première zone est située dans le secteur de la Cross River et de Korup sur la frontière nigériane ; la deuxième est la vaste région délimitée par les quatre villes que sont la capitale Yaoundé, Mbalmayo, Ebolowa, et Kribi, celle-ci en passe d'être défrichée pour être convertie à l'agriculture. Ensuite viennent la région de Bertoua et d'Abong-Mbang et les zones situées à proximité des routes construites autour de Djoum (Dkamela, 2011). Ainsi, la forêt communautaire GIC COVIMOF situé à 15 km de Mbalmayo peut faire l'objet d'une attention particulière. Parce que non seulement, la perte de la couverture forestière, plus élevée sur le DFNP que sur le DFP indique que le zonage est en général respectée ; mais il est également suggéré qu'une stratégie de réduction des émissions doit avoir une attention particulière aux terres du DFNP, menacées par une conversion massive.

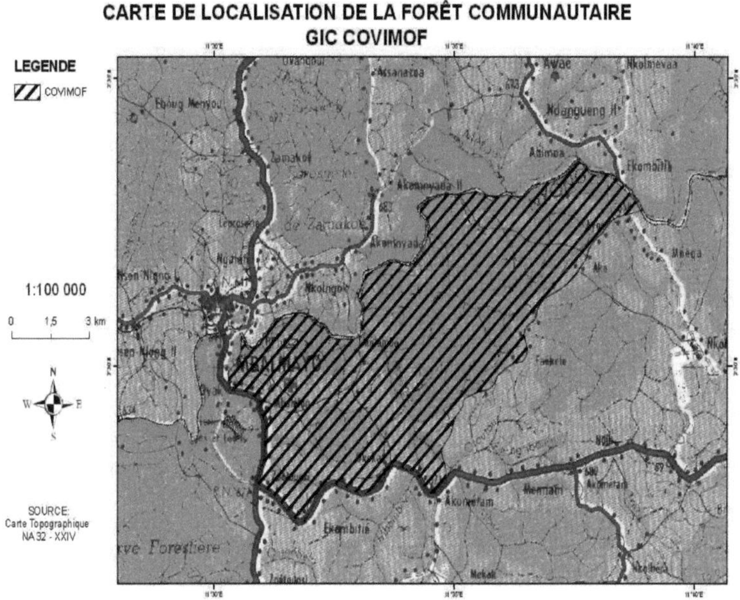

Carte n° 1: Situation de la zone d'étude

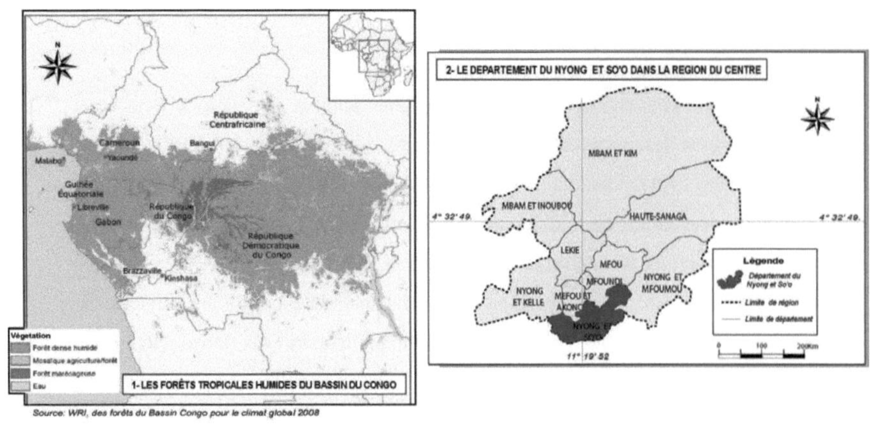

Source: WRI, des forêts du Bassin Congo pour le climat global 2008

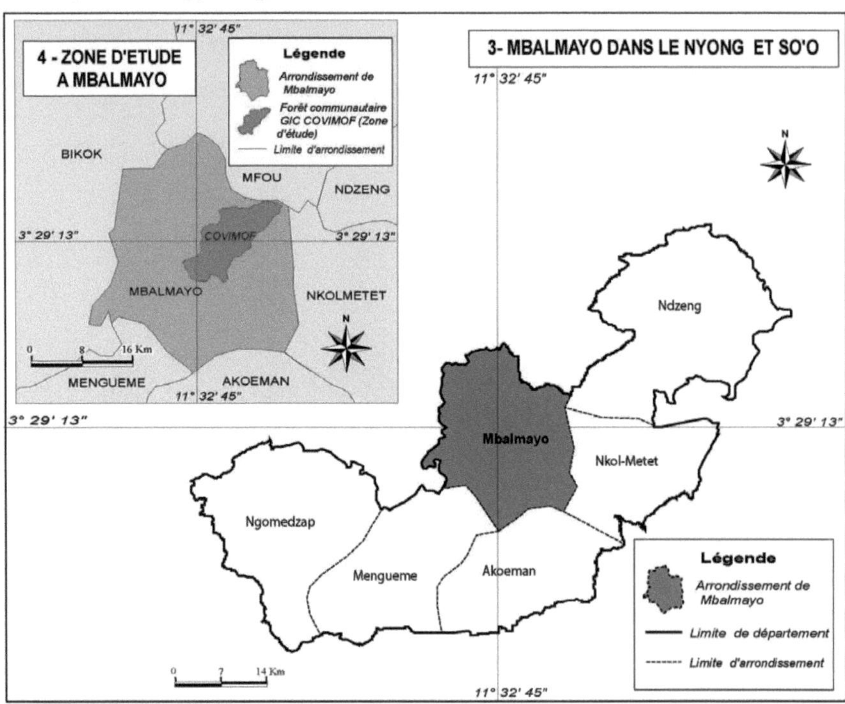

Source: carte administrative du Cameroun 2000, INC

Figure 3 : Localisation de la zone d'étude

I.2 Milieu physique de la forêt GIC COVIMOF

Le relief

Dans cette région du centre, le relief, de type collinéen à versants connexes (concavité brutale à la base) sur un socle granulo-gneisssique est peu accidenté. On y retrouve une succession de collines aux pentes généralement douces entre les petits cours d'eau ou dépressions marécageuses. Des bas-fonds parfois très vastes isolant des collines en véritables demi-oranges. Il existe plusieurs rochers, dont le plus significatif est le rocher « Manda », nom donné par les riverains.

<u>Le climat :</u> deux saisons humides distinctes.

L'espace forestier GIC COVIMOF subit dans son ensemble l'influence du climat de type équatorial, avec alternance des saisons : quatre saisons dont deux très courtes saisons relativement sèches, avec une pluviométrie de 2200mm, une température de 25 à 26° et des brouillards matinaux fréquents et denses tout au long de l'année. De nos jours, selon les populations les climats ont subi un certain changement. Les saisons ne sont plus régulières et ne sont plus maitrisées. Les températures ont augmenté.

<u>Les sols :</u> ferralitiques, acides, argileux, faibles capacités de rétention des éléments nutritifs

Les sols sont de nature férralitique rouge issus de la décomposition des roches métamorphiques pendant le précambrien. Ce sont des sols peu riches en minéraux ferro-magnésiens et donc fragiles. En surface, la décomposition de la matière organique très rapide (faible humification, minéralisation intense) a pour conséquence la minceur de la litière et la formation d'un humus de type mull acide évoluant en composés solubles, en acides fulviques et humiques très agressifs.

<u>Biodiversité</u>

L'élément biodiversité est un élément central dans la catégorisation du pool carbone. L'enjeu étant la mesure de la biomasse aérienne (PFNL et PFL ?) et terrestre dans la mesure où certaines composantes de la biodiversité font vivres les communautés forestières depuis des décennies.

<u>Produits forestiers ligneux</u>

La forêt communautaire GIC COVIMOF est une forêt de basse et moyenne altitude. Elle mesure 5000 hectares. Elle est caractérisée en majorité par des forêts denses humides semi décidues, de quelques poches de forêts denses humides sempervirentes, dominées par le Limbali (Gilbertriodendron dewevrei), l'Ayous (Triplochyton scleroxylon) et le Fraké (Terminalia superba). Plusieurs perturbations issues de brûlis et cultures partielles, coupes artisanales et industrielles frauduleuses et chablis ont modifié considérablement la physionomie de la forêt. Nous pouvons retrouver un changement d'usage des sols qui évolue au rythme de la conversion des forêts.

En effet, les produits forestiers ligneux constituent la matière première de l'exploitation forestière. Les essences contenues parfois dans le certificat annuel d'exploitation[35] reflètent la grande diversité de la COVIMOF en matière ligneuse.

Produits forestiers non ligneux

Ce sont des produits d'origine animale (trophée, peaux, plumes…) et végétale (feuilles, écorces, fleurs, racines…). Ces produits non ligneux prennent une grande place dans la vie des populations de la COVIMOF.

Les PFNL sont utilisés dans l'alimentation comme condiment ou nourriture. On peut recenser un grand nombre de variété. Il s'agit des feuilles de *Gnetum spp* (Okok), des graines du *Ricinodendron heudelottii (njanssang),* des amandes de *Irvingia gabonensis (andok)*, des fruits de *Tetrapleura tetraptera (akpwa)*, des écorces de *Scorodophloeus zenkerii (olom)*, de *Garcinia lucida (Essok)*. Nous avons également comme huile extraite des graines du moabi (*Baillonella toxisperma*). On a aussi les fruits consommés : Dacryodes edulis (safou), *Coula edulis, canarium schweirnfurthii* (arbre à fruit noir) et comme stimulant *Garcinia kola* (bitter cola).

---

[35] Voir annexe 1, Certificat annuel D'exploitation N° 0057/MINFOFA/SGDF/CFC/CEA2

Photo 1 : Amandes de *Irvingia gabonensis (andok)*. (andok).   **Photo 2 : fruits d' *Irvingia gabonensis (andok)*.**

La photo 2 represente le produit forestier non ligneux   après ceuillette. La recolte est individuel. Nous avons presque deux sacs d'andok. Chaque fruit sera concassé pour donner forme à des graines plates plus ou moins prêtes à la consommation.

Biodiversité agricole (produits vivriers)

Les produits vivriers comme la banane plantain, le macabo, le manioc, les arachides, le mais la canne à sucre, le pigment, la patate, le taro sont cultivés au sein de l'espace COVIMOF. Il y'a également les cultures maraîchères telles que le zome, le folong et le téguè. Ces produits sont destinés au renforcement de l'autosuffisance alimentaire et au ravitaillement du marché périodique de Mbalmayo et de Yaoundé. En outre, le Cacao est la principale culture de vente de la localité. La culture des agrumes est en expansion. Nous rencontrons oranger, mandarinier, manguier, goyavier, citronnier et autres.

I-3 Le contexte humain au sein du GIC COVIMOF

Cette forêt communautaire subit une très forte influence humaine en raison de sa proximité de la ville de Mbalmayo. C'est un espace communautaire composé de 08 villages : MELOMBO, OKEKAT, FAKELE 1, FAKELE 2, AYOS, AKAK, AKOMNYADA 1, et AKOMNYADA 2. Cette pluralité d'entités villageoises gravite autour d'un massif forestier commun d'une superficie de 5000ha, la FC COVIMOF. Autant de villages, autant d'intérêts divergents que de conflits liés à l'accès à la ressource.

I.3.1 Les occupants de la COVIMOF

Dans le cadre de notre étude, il existe deux catégories des populations vivant autour de l'espace COVIMOF. Il y'a ceux possédant des parcelles à l'intérieur de la forêt communautaire et ceux dont les terres de cultures se trouvent au voisinage. Ces occupants sont constitués pour la plupart des autochtones. Ils vivent de l'agriculture. Ils se déplacent spontanément pour écouler les produits agricoles vers les villes Yaoundé et Mbalmayo. En retour ceux-ci achètent les produits de premières nécessités pour compenser leur régime alimentaire. D'après le recensement effectué dans le cadre de la réalisation du Plan Simple de Gestion version révisée 2008-2013, il y'a un effectif de 527 hommes et de 621 femmes. Soit au total 1148 occupants.

Tableau 4 : Distribution de la population par zone de dénombrement (ZD)

Structure	ZDA	ZDB	ZDC	ZDD	Total
Homme	142	172	112	101	527
Femme	149	204	136	132	621
Total	**291**	**376**	**248**	**233**	1148

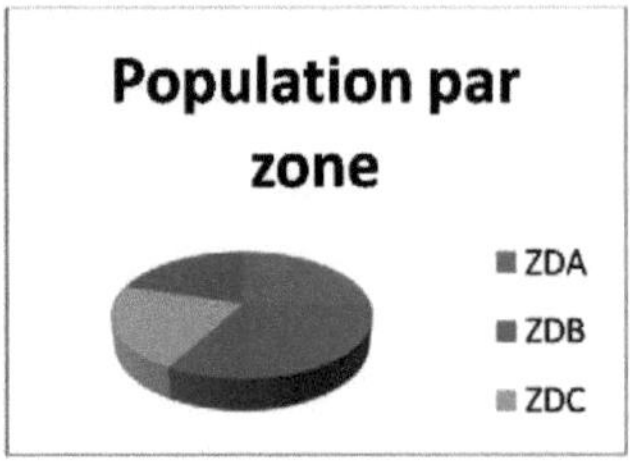

Figure 4 :Population par zone

<u>Source</u> : **Plan Simple de Gestion révisée, 2008-2013**

Tableau 5 : La population active

Classes d'âges	ZDA				ZDB				ZDC				ZDD		Total
	Okekat		Melombo		Faekele I		Faekele II		Akak		Ayos		Akomn yada 1 et 2		
	H	F	H	F	H	F	H	F	H	F	H	F	H	F	
15 – 30	20	24	8	8	32	33	11	19	8	7	16	25	26	41	278
30 et +	29	44	20	22	31	45	16	24	7	11	34	29	40	45	397
TOTAL	49	68	28	30	63	78	27	43	15	18	50	54	66	86	675

<u>Source</u> : Plan Simple de Gestion révisée, 2008-2013

Ce pendant la population active est de 675 personnes, avec 278 âgées entre 15 à 30 ans et 397 âgées entre 30 ans et plus.

En plus, dans les différents villages composant la COVIMOF, nous trouvons uniquement les chefferies de troisième degré. Les notables, généralement chef de lignage représente leur lignées ou familles au sein du conseil des notables de la chefferie. La plupart des notables sont choisis sur la base de la succession et appuient le chef de village dans la gestion des affaires de la communauté. (PSG, 2008). La population riveraine de la forêt communautaire est essentiellement chrétienne.

Les phénomènes migratoires ne sont pas observés. La plupart des étrangers sont des clients légaux ou frauduleux d'achat du bois débités, de vente de terrain, d'achat des produits ligneux ou vivriers. Les habitants se déplacent ponctuellement pour écouler les produits agricoles dans les marchés de Mbalmayo, Yaoundé et Douala. En retour ceux-ci achètent les produits de première nécessité pouvant servir à compléter leur régime alimentaire.

D'autre part le mariage est l'une des raisons de déplacement de population locale, les filles pour la plupart de cas quittent la famille pour le mariage dans un village voisin.

I.3.2 <u>Aspects infrastructurels du GIC COVIMOF</u>

La forêt communautaire du GIC COVIMOF N°22 réservée sous N°0453 / L / MINEF / DF/ SDIAF/ SA du 17 février 1999 a été créée dans un contexte de carence en infrastructures socioéconomiques de base (absence d'écoles, problèmes d'accès à l'eau potable, électrification rurale…etc.). Mais de nos jours, seule l'école primaire d'AKOMNYADA II (voir photo n°3) et celle de FAEKELE II constituent les infrastructures scolaires.

Photo 3 : Ecole primaire d'AKOMNYADA I   **Photo 4 : structure de l'habitat, MELOMBO**

<u>Source :</u> enquête de terrain, 2011

Derrière les batiments, nous avons la forêt. Cette école a été construite par l'entreprise PK avant la venue de la forêt communautaire. Le manque du personnel enseignant est à signaler.

Par ailleurs, il n'existe aucune structure de santé. Les populations sont dans l'obligation de se rendre à Mbalmayo par les différentes voies de communication existante. Au Sud de la forêt, la route est non bitumée. A l'Ouest, la route bitumée Mbalmayo-Sangmelima traverse entièrement Okekat. Pourtant, au Nord-Ouest, Melombo est d'accès très pénible par une piste secondaire aménagé à l'occasion de l'exploitation de la forêt communautaire.

Le principal matériel de construction de l'habitat est la terre battue de type rudimentaire. Ces constructions sont disposées de part et d'autre de la route. Les toîts sont recouverts de tolles ondulées tandis que le sol reste naturel. Néanmoins, quelques structures d'habitations sont recouvertes de ciment et parfois en matériaux modernes (brique de ciment).

Par ailleurs, avec l'avènement de la téléphonie mobile, le réseau est disponible par endroit. Ce qui aura permis à la population nantie de s'acquérir les téléphones portables. Il est désormais possible de régler certains problèmes à distance (depuis le village) sans être obligé des se déplacer. En dédit des incertitudes, le téléphone portable reste néanmoins une opportunité de communication entre les différents villages de COVIMOF   .

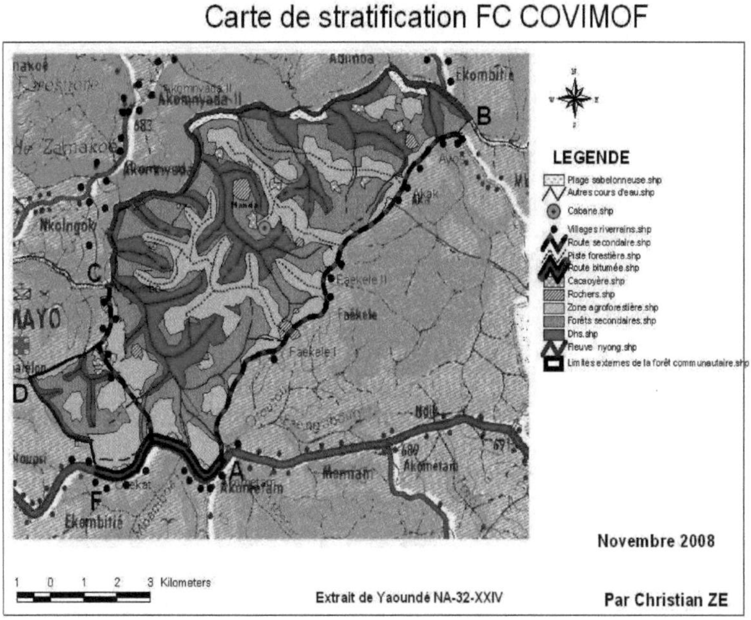

<u>Carte n° 2</u> : **Carte de stratification du GIC FC COVIMOF**

Source : **Plan Simple de Gestion révisée, 2008-2013**   **NB : DHS** : Forêt dense humide sempervirente

En définitive la FC COVIMOF matérialise un espace forestier transformé par les acteurs usagers y compris les populations riveraines. Elle présente plusieurs catégories de modification du couvert forestier. D'après la carte ci-dessus nous pouvons observer une répartition de la forêt dense humide sempervirente en vert foncé. Ceci dénote une dégradation progressive de la forêt primaire (en vert). Ce pendant c'est plutôt les forêts secondaires (en bleu) qui couvrent la majorité du couvert forestier et font concurrence devant les zones agroforesteries (en jaune). Le fait urbain quant à lui a engendré la construction des routes bitumées et secondaires (en rouge et noir). Les jachères sont prises en compte dans les zones agroforesteries. Le fleuve Nyong qui constitue la limite Nord et Nord-ouest a fait de l'espace COVIMOF une zone parcourue de cours d'eau.

II- RESULTATS : CONTRIBUTION PHYSIQUES ET HUMAINES LIES A LA DETERMINATION D'UN SCENARIO DE REFERENCE SUBNATIONAL[36] (S R S)

Dans le cadre de notre étude, les éléments physiques et humains seront nécessaires non seulement à la définition d'un modèle de trajectoire des causes de la dégradation et de changement d'usage des sols forestiers mais permettra également de déceler les lacunes en matière de mesure de carbone[37].

En effet, tout exercice d'estimation des émissions BaU (base as usuel) suppose d'appréhender la complexité des causes et des trajectoires de déforestation dans la zone d'intérêt. L'évolution des écosystèmes suit des trajectoires complexes et est entraînée par de nombreux facteurs en interaction (Leménager, 2011).

Dans sa soumission à la CCNUCC, le Cameroun a proposé un niveau de référence historique doublé de facteurs d'ajustement de développement pour tenir compte de circonstances nationales. A ceci, il se propose également de prendre en compte les spécificités des différentes zones agro écologiques mettant ainsi en exergue le niveau infranational lors de l'établissement de son NR et de son NRE (R-PP, 2012).

Sur cette base, une approche imbriquée est permise et donne la faculté de commencer l'application de la REDD à l'échelle projet. Les directives présentées par le GIEC sont :

1) Les émissions et absorptions historiques

---

[37] Selon l'ONF International, dans le cadre de la REDD+ un scénario de référence (point de départ pour la mesure du carbone) a deux composantes : une composante de prédiction des futurs changements d'usage des sols (que ce soit des changements positifs ou négatifs) et une composante d'estimation des émissions associées à ces changements d'usages de sols.

a) <u>La détermination des terres à inclure selon les catégories du GIEC</u>

Les catégories du GIEC concernent les critères de définitions de la forêt. Selon le VCS (2007), pour qu'un espace soit qualifié de forêt éligible au REDD+, la zone doit remplir les critères de définition depuis au moins dix ans. En principe, toute définition de la forêt revient au pays hôte. C'est une définition à l'échelle nationale. Aucune définition à l'échelle infranationale n'est mentionnée. Encore moins celle relevant de la forêt communautaire[38]. En cas d'absence de définition par le pays hôte, le VCS recommande d'utiliser la définition de la FAO : superficie minimal de l'espace de 0.5 ha, 10% du couvert forestier avec une hauteur des arbres égale à 5m. (ONF et Al, non daté).

La définition des forêts[39] selon le GIEC est liée aux activités anthropiques. Certaines activités abordent les intérêts écologiques. Cette catégorisation constitue le champ d'application de la REDD+. Nous avons entre autre :

-Forêts converties à d'autres usages des terres: Déboisement

- Forêts restant forêts : Dégradation de la forêt, Conservation des stocks de carbone forestiers, Augmentation des stocks de carbone dans les forêts existantes.

-Autres terres converties en forêts : Augmentation des stocks de carbone par Boisement et

Reboisement.

Selon la loi camerounaise de 1994, la forêt communautaire est une forêt du domaine « **non permanent** » c'est-à-dire constitué des **terres forestières** susceptibles d'être affectées à des **utilisations autres que forestières**. Cette orientation peut-elle

---

[38] Au regard du contexte camerounais, la définition de la forêt communautaire est assez générique. C'est une définition sous national qui ne semble pas corroborer avec celle de la FAO. Selon le manuel de procédure d'attribution et normes de gestion des forêts communautaires, (2008) les forêts communautaires sont définies comme *« des formations forestières naturelles dans lesquelles une gestion durable des ressources floristiques et fauniques existantes est mise en œuvre ».* D'autre part, le décret n° 95/531/PM du 23 Août 1995 considère la forêt communautaire comme un espace du domaine forestier non permanent c'est-à-dire non susceptible de production et faisant l'objet d'une convention de gestion entre communauté villageoise et administration chargée des forêts.

[39] On entend par forêt une terre d'une superficie minimale comprise entre 0,05 et 1,0 hectare portant des arbres dont le houppier couvre plus de 10 à 30 pour cent de la surface (ou ayant une densité de peuplement équivalente) et qui peuvent atteindre à maturité une hauteur minimale de 2 à 5 mètres. Les forêts ne sont pas définies à des fins de notification au titre de la Convention. Les Lignes directrices du GIEC invitent les pays à utiliser des classifications d'écosystèmes détaillées dans leurs calculs et à présenter de grandes catégories spécifiées pour assurer la cohérence et la comparabilité des données nationales pour tous les pays. (GIEC, 2003)

nous autorisés à admettre que, malgré leur indécision sur une définition appropriée, elle intègre indirectement la catégorie des forêts converties à d'autres usages des terres et celle des forêts restant forêts ? Le paradoxe est que le Cameroun n'a guère définit la forêt selon les objectifs d'estimation de carbone. Selon son R-PP, les clarifications faites sur la définition de la forêt dès 2013. A défaut il serait adéquat de développer un plan d'acquisition et se procurer les données nécessaires à la construction d'un scénario de référence.

b) <u>Développer un plan d'acquisition et se procurer les données nécessaires</u>

-La sélection des réservoirs de carbone à inclure

Le pool carbone qui servira de réservoir met en exergue une stratification de la biomasse[40] et du carbone du sol. Il en existe trois classes : la biomasse aérienne[41] (tige, branche et feuille), la biomasse souterraine[42] ou racinaire (racine et litière) et le carbone du sol (sol organique et sol inorganique).

Sans risque de nous tromper, les PFNL sont intégrés dans la biomasse aérienne. De ce fait, l'on ne peut ignorer la dépendance des populations de la COVIMOF à leur commercialisation et consommation. Le GIEC fait abstraction de cette situation en cas de comptabilisation carbone.

Dans ces conditions, Meshack et al (2010) parle de menace potentielle à régler pour une réussite du REDD en Tanzanie dans un contexte de foresterie communautaire. En effet, compte tenu de la définition de la forêt selon la CCNUCC, il existe un risque que REDD conduit à remplacer les forêts naturelles par des plantations exotiques qui pourraient réduire la sauvegarde des bénéfices multiples liés à la biodiversité : alimentation, énergies, conservation des sols, plantes médicinales, PFL, PFNL, protection de la qualité de l'eau etc. Certains bénéfices peuvent constituer des réservoirs carbones et limiter le mode de vie des populations de la COVIMOF. Celle-ci est à cet égard dépendante de la biodiversité. Plus la comptabilisation théorique du carbone est

---

[40] Matière organique aérienne et souterraine, vivante et morte, par exemple, arbres, cultures, graminées, litière, racines, etc. La biomasse inclut la définition des bassins pour la biomasse aérienne et souterraine.

[41] Totalité de la biomasse vivante aérienne, y compris les tiges, souches, branches, écorce, semences et feuillage.

[42]Totalité de la biomasse de racines vivantes. Les racines minces de moins de 2 mm de diamètre (suggestion) sont quelquefois exclues car souvent on ne peut pas les distinguer empiriquement des matières organiques du sol ou de la litière. (Recommandations en matière de bonnes pratiques pour le secteur de l'utilisation des terres, changements d'affectation des terres et foresterie, 2003)

élevée, plus il y'a perte de biodiversité. Surtout lorsque les stratégies de mesures sont fiables.

-Stratégie de mesure du stock de carbone dans la biomasse

C'est une étape qui devrait faire appel à un métissage de connaissance (traditionnelle + moderne) en matière de maitrise de l'espace forestière. En considérant uniquement la mesure des arbres sur pieds ou mort, nous pouvons asseoir une catégorie de compétences qui obéit aux normes du niveau 3[43] conseillé par le GIEC. Actuellement, les inventaires au sein de la COVIMOF sont effectués dans le cadre de la détermination d'une assiette annuelle de coupe. Ces inventaires par le comité de gestion avec l'assistance technique d'une expertise (particulier ou ONG). Ils se font à l'absence des communautés ou propriétaires des parcelles.

Pourtant ces derniers possèdent des connaissances traditionnelles. Ils ont la maitrise des espaces coutumiers. Ces propriétaires terriens ont chacun une cartographie de leur parcelle c'est-à-dire la situation de chaque type d'essence d'arbre ou la localisation des PFNL de haute valeur commerciale. Ils sont des témoins du changement du couvert forestier.

-L'identification des facteurs de modification du couvert forestier

Les facteurs de modification du couvert forestier représentent les causes directes et indirectes de la déforestation et de la dégradation. D'une part, les moyens d'intervention au sein de la COVIMOF sont l'agriculture sur brulis via les feux de brousse et la défriche, l'exploitation forestière et les cultures de rente à l'instar du cacao. D'autre part le couvert forestier COVIMOF est un espace presque situé en zone péri urbaine environ à 12 km de Mbalmayo du côté Est et à 3 à 4 km de la même ville du côté Ouest. (Akomnyada 1 & 2). L'accès y est facilité par les dessertes qui ouvrent sur les sites d'abattages. Au sens du VCS (2008), on parle déforestation et de dégradation non planifiée de type frontière.

---

[43] Les données du niveau 3 sont spécifiques aux sites, habituellement mesurées in situ sur des parcelles permanentes. Comme les facteurs d'erreur sont faibles, une partie plus importante des économies estimées de carbone peut être revendiquée. Skutsch et Al (2010), in Angelsen, A. avec Brockhaus, M., Kanninen, M., Sills, E., Sunderlin, W. D. et Wertz-Kanounnikoff, S. (éds.) 2010 Réaliser la REDD+ : Options stratégiques et politiques nationales. CIFOR, Bogor, Indonésie.

Par ailleurs, une bitume qui traverse la partie Sud-est et constitue simultanément une limite de la forêt communautaire et le tronçon reliant Mbalmayo à Sangmelima constituent des signaux fort d'urbanisation. En sus, il y'a une série de vente de terrain qui se généralise. Les acheteurs sont des éleveurs, des particuliers, des hommes d'affaire dont le but de l'acquisition réside dans le développement des plantations agricoles. Ceci crée un phénomène migratoire, à la recherche du capital foncier. Ce sont des facteurs qui pourront être à l'origine d'une déforestation planifiée[44]. L'interprétation des images satellitaires devrait être nécessaire pour appréhender spatialement ces facteurs de modification du couvert forestier.

-L'interprétation des images satellitaires

L'interprétation des images satellitaires selon le GIEC doit être fonction de la période de référence[45]. La méthodologie recommande de disposer d'au moins trois cartes des sols pendant une période de 10 à 15 ans préalablement au début du projet. Ceci représente d'énormes difficultés dans la mesure où l'acquisition des cartes satellitaires ne coïncide pas toujours avec la période de référence requise. En plus, les directives du GIEC ne précise pas à quelle altitude doivent être prise les cartes pour que l'interprétation soit la plus convaincante possible. De façon à interpréter aisément les changements du couvert forestier.

---

[44] C'est un cas de conversion des terres forestières en non forêt qui est légalement autorisée. Elle peut être liée à des programmes de déplacement des populations vers des zones boisées, à des décisions individuelles ou collectives de convertir les terres forestières en zone de production agricole ; selon une politique de zonage obéissant au projet de société d'une région. La révolution agricole au Cameroun obéit foncièrement au Document de Stratégies pour la Croissance et l'Emploi (DSCE) qui est le Cadre de référence de l'action gouvernementale pour la période 2010-2020.

[45] C'est une période pendant laquelle les données sur les facteurs de déforestation et les cartes d'usages des sols devront être obtenues.

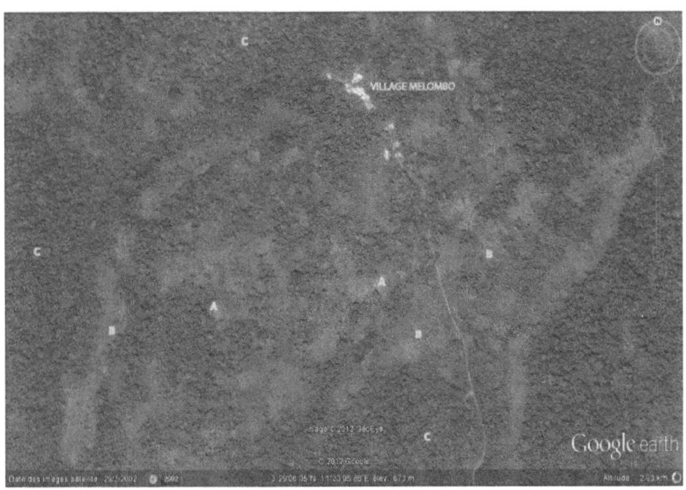

Figure n°5 : Image satellite de la forêt communautaire GIC COVIMOF côté Centre

L'image satellite de 2002 ci-dessus est à une altitude de 293 Km. C'est-à-dire il y'a de cela 10 ans. Déjà en 2002 l'état de dégradation et de déforestation suivait son cours. En effet, (A) représente les zones complètement dénudées qui servent de culture. B les espaces en cours de mutation où s'expriment les nouvelles formes de survie des populations et d'autres partenaires économiques. C représente l'espace vert sempervirent, ayant reçu pour l'instant des coupes sélectives.

c-Développer les données d'activités et les facteurs d'émissions

Les données d'activités

Les données d'activité représentent le changement de superficie des différentes catégories du sol (sol minéraux et sol organique). Les lignes directives du GIEC ont décrit trois démarches différentes des données d'activité. L'approche 3 requiert des informations de conversion spatialement explicites, tirées des techniques de cartographie par échantillonnage (Wall to Wall). C'est une méthode qui implique le suivi des conversions entre les catégories aboutissant à un tableau de conversion de l'utilisation des sols.

Ces données sont entre autres : le taux de déforestation, le taux de reboisement et le taux de dégradation qui est renforcé par chaque type d'activité.

<u>Les facteurs d'émissions</u>

Les facteurs d'émissions sont des éléments tirés du changement ou variation des stocks de carbone des différents réservoirs[46] d'une forêt. Selon le Méridien Institute (2009) la méthodologie du niveau 3 « *s'appuie sur des inventaires réelles, avec des mesures répétées de parcelles permanentes pour mesurer directement les changements de biomasse forestière* ».

Ces facteurs d'émissions[47] sont relatifs à la déforestation, à la variation du renforcement des stocks de carbone et à la dégradation.

2) <u>Les circonstances nationales</u>

Les circonstances nationales sont considérées comme des données nationales qui sont censés corroborer les facteurs d'émissions et les données d'activité. C'est la seconde étape à la détermination d'un scénario avec un volet ajustement. Le problème à ce niveau réside dans la fiabilité quelle procure au niveau de référence. La plupart des opinions tablent sur les stades de la transition forestière. Il serait toutefois judicieux d'analyser les projets de société d'un pays ayant un impact majeur sur l'utilisation future des forêts. Le Cameroun présente un Document de Stratégies pour la Croissance et l'Emploi (DSCE), un Cadre de référence de l'action gouvernementale pour la période 2010-2020.

III- <u>ANALYSE ET DISCUSSION</u> :

Dans la majorité des projets REDD+, l'estimation des réductions représentent l'étape la plus capital dans le mérite des compensations financières. En effet, Pirard (2008) requiert plutôt une efficacité économique de la part des Etats. C'est une efficacité proportionnelle à la capacité à définir le scénario de référence. Cependant, cette

---

[46] Un réservoir est un système capable de stocker ou d'émettre du carbone. La biomasse des forêts, les produits du bois, les sols et l'atmosphère sont des exemples de réservoir ou bassins de carbone. Le GIEC reconnait 5 compartiments de stockage : biomasse aérienne, biomasse souterraine, litière, bois mort, et carbone organique du sol.

[47] Afin d'obtenir des informations liées aux facteurs d'émissions, le GIEC a catégorisé les stratégies d'évaluation des stocks de carbone plus connues sous le nom de niveau. Les données du niveau (1, 2, 3) ou tiers permettent d'estimer CO_2. D'après Skutsch et al. (2010), seules les données du niveau 3 qui se concentre uniquement sur les arbres peut être entrepris dans le cadre d'un suivi communautaire.

convergence vers une prétendue efficacité économique dépendrait de la maitrise du type de scénario de référence que le pays s'engage à opérationnaliser.

Il existe deux types de scénario de référence. L'un historique et l'autre prédictif (Pirard 2008). Le premier tient compte des considérations passées. Mais ne précise pas si ces données à base historique peuvent parfois évoluer et subir des changements. Parce que les causes de dégradation passées peuvent être différent des causes d'aujourd'hui. Le second suit une logique de prédiction modélisée, en essayant de prendre en compte l'évolution de certain nombre de variables dont on considère qu'elles commandent le taux de déforestation.

L'auteur pense qu'un scénario historique peut poser problème parce qu'elle ne prend pas en compte les phénomènes de types transition forestière[48]. D'autre part la fiabilité des scénarios prédictifs est limitée par la nature changeante des variables explicatives à l'instar de l'instabilité des prix des produits vivriers et des intrants agricoles. Cela peut sembler assez pessimiste vu les différentes faiblesses relevées ci-dessous. Pouvons-nous donc envisager des scénarios de référence historique qui tiennent compte de la transition forestière ou ceux de nature prédictifs dont l'actualisation des variables est évidente ?

La réponse à cette question renvoie aux idées de Motel et al. (2008), cité par Pirard (2008) qui penche vers une approche alternative. C'est une approche qui établit une distinction entre la déforestation structurelle[49] et la déforestation causée par les politiques domestiques[50]. Elle n'est pas nécessairement une approche imbriquée que propose le Nepal dans un cas de foresterie communautaire. Les scénarios de référence

---

[48] La théorie de la transition forestière peut être appliquée aux pays comme aux régions de ces pays. En général, l'élément déclencheur de la transition forestière est la construction de nouvelles routes qui permettent un accès au marché pour les produits agricoles. Un certain nombre de boucles d'amplification peuvent accélérer le déboisement: le développement d'infrastructures complémentaires qui facilitent l'accès aux marchés, de fortes densités de population et un revenu en augmentation qui stimule la demande et l'accumulation du capital. Angelsen, A. avec Brockhaus, M., Kanninen, M., Sills, E., Sunderlin, W. D. et Wertz-Kanounnikoff, S. (éds.)2010 Réaliser la REDD+ : Options stratégiques et politiques nationales. CIFOR, Bogor, Indonésie.

[49] En effet, des facteurs discrets, et sur lesquels les gouvernements ont peu de prise directe (facteurs dits «structurels ») commandent la déforestation : démographie, croissance économique, prix internationaux de commodités agricoles, superficie forestière en début de période, évènements climatiques, etc.

[50] Ce sont les politiques mises en œuvre par les gouvernements. Ils permettent d'amplifier, ou au contraire de diminuer, l'impact de ces facteurs sur la déforestation. Il s'agit de la lutte contre la corruption, plans raisonnés d'utilisation des sols, distribution de subventions agricoles, etc. Il est donc théoriquement possible, en raisonnant en termes relatifs (entre pays), de déterminer ex post si un pays donné a atteint un taux de déforestation inférieur au taux structurel, auquel cas on peut supposer que ce pays a « évité » de la déforestation et mérite récompense. R. Pirard, (2008) Lutte contre la déforestation (REDD) : implications économiques d'un financement par le marché, Iddri – Idées pour le débat N° 20/2008.

historique ne produisent pas des projections fiables de la déforestation future pour les pays à faible taux de déforestation. (Tchapa, non daté). Pourtant le Cameroun présente un taux de déforestation assez faible de 1.02% entre 1990 et 2000 selon la FAO et envisage via la COMIFAC un scénario de référence à base historique avec facteur d'ajustement.

En définitive, Karsenty et al. (2008) ont pu définir plusieurs model de scénario de référence (SR). La première série est fondée sur la construction du SR avant la période d'engagement (SR strictement à base historique, SR strictement à base historique avec facteurs d'ajustement et SR prédictif). La seconde est fondée sur la détermination à postériori du bilan et sans SR. C'est une comparaison du stock forêt début période/ fin de période avec un objectif de stock négocié en début période : on parle de Carbon Stock Mechanism.

Compte tenu des modifications qui pourront s'imposer au fil du temps, il sera préférable de débuter par un scénario de référence strictement à base historique qui tient compte du principe de la transition forestière. Les méthodologies relatives au scénario de référence étant encore en débat au sein de la SBSTA.

D'après les déclarations des populations de la COVIMOF, le couvert forestier était intact avant les indépendances. Tout juste après les indépendances, le changement du couvert s'est fait observer. A l'absence de la forêt communautaire, l'espace était rarement sous vente de coupe. Dès les années 80 les infrastructures routières ont commencé à se développer. L'étalement urbain a envahi le périurbain par le biais des migrations. L'agriculture était de faible intensité sur des terres fertiles. L'exploitation forestière se pratiquait plus dans les concessions forestières. C'est la raison pour laquelle la période de référence se situe à partir de 1980 jusqu'à 2005 (voir figure ci-dessous).

En effet, la plupart des analystes place la théorie de la transition forestière comme avant-garde dans la détermination d'un scénario de référence. Ce pendant la majorité des pays du bassin du Congo ne sont qu'au début de leur phase de développement. La transition des forêts n'est pas une « loi de la nature » et un certain nombre de facteurs en influencent le cours exact comme le contexte national, les forces économiques en présence et les stratégies adoptées par le gouvernement. (Angelsen A., 2008). Lorsque les futures émissions sont en dessus de la base historique, il y'a absence de compensations. La réduction des émissions manquée est reportée à la prochaine période de paiement comme en termes de dédit carbone. Cela suppose que les contraintes de gestion n'ont pas été traitées et suivis. Les émissions de carbone se sont amplifiées dès 1985. Date à laquelle la crise économique a provoqué de nombreuses mutations, notamment l'ajustement structurel, la démocratisation et la décentralisation qui ont affecté la forêt.

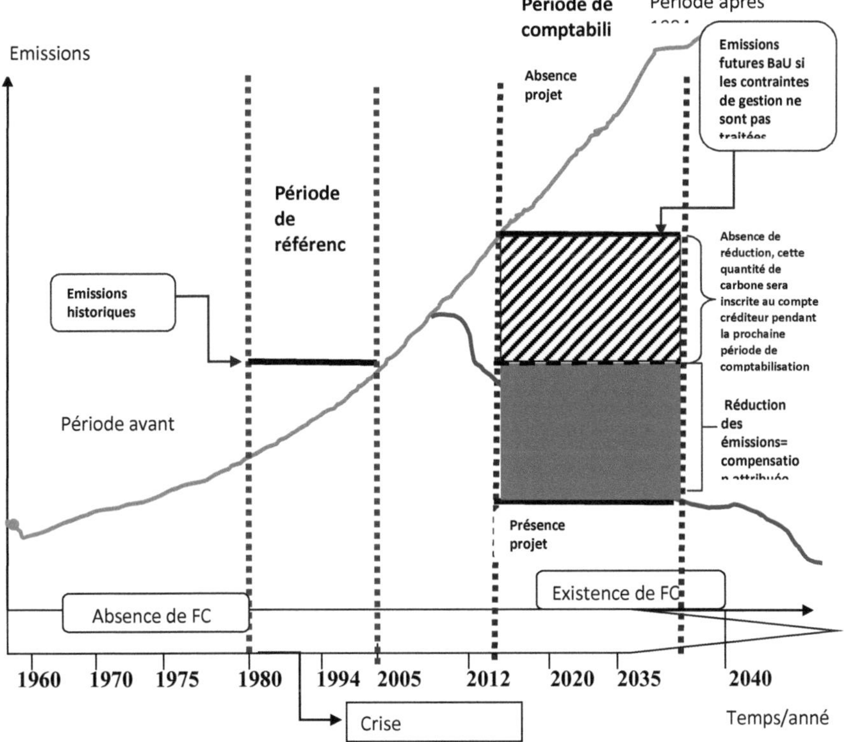

Figure n°6 : scénario de référence Base as Usual à base strictement historique de la COVIMOF

Source : Agoum Ghislain, 2012 ⌄ : Emissions CO2 sans REDD ⌄ : Emissions CO2 avec REDD

La courbe représente l'évolution des émissions de dioxyde de carbone (CO2) engendré par la diminution du couvert forestier. Elle s'est aggravée à partir de 1994, période pendant laquelle le gouvernement a introduit une série de changement de sa politique forestière alliant changement et ouverture aux mécanismes de marché. L'exploitation illégale a été renforcée par la création de l'espace communautaire où l'absence de partages des bénéfices a provoqué l'accès non contrôlé à la ressource.

<u>**CONCLUSION PARTIELLE**</u>

La mesure du carbone émit ou absorbé pour une certification de la réduction des émissions ou de l'augmentation des absorptions sont présentée comme la clé de voute du système REDD+. Elle demande la maitrise d'outils méthodologiques et techniques dans la mise en œuvre d'un scénario de référence, base de calcul des crédits carbone.

En effet, ce chapitre premier s'est chargé pour la circonstance d'analyser les aspects négatifs et positifs de la détermination d'un scénario de référence au sein de la COVIMOF. L'interrogation était de savoir quels sont les éléments physiques, les aspects socioéconomiques et les facteurs humains qui peuvent concourir à la construction d'un scénario de référence à l'échelle projet ? L'objectif a été de déterminer le scénario de référence de l'espace COVIMOF. Malgré l'existence des atouts physiques et humains, les contraintes techniques et méthodologiques réduisent la fiabilité d'un scénario de référence Base as Usual.

Par exemple, le fait de plafonner la période de référence entre 3 et 15 ans est insuffisant du fait des réalités de chaque pays. D'un humble avis, une période de référence devra couvrir les événements politiques et économiques qui ont institutionnellement affectés le couvert forestier d'un pays. Cela pourrait aussi dépendre des projets de sociétés en cours tout en ciblant les secteurs de développement approprié dont l'incidence sur le couvert forestier est avérée. Sur ce, faute de guide méthodologique établit par l'OSCST pour le moment[51], l'analyse s'est référée aux principes et lignes directives en matière de scénario de référence proposé par le

---

[51] Il convient que des niveaux d'émission de référence pour les forêts et/ou des niveaux de référence pour les forêts peuvent être établis à l'échelle infranationale en tant que mesure provisoire, en attendant qu'un niveau d'émission de référence pour les forêts t/ou un niveau de référence pour les forêts soit établi au niveau national; et que les niveaux d'émission de référence pour les forêts et/ou les niveaux de référence pour les forêts provisoires d'une Partie peuvent être établis pour une superficie inférieure à la superficie forestière nationale totale; Projet de décision -/CP.17 article 11

gouvernement norvégien à travers la Meridian Institute (2009), des crises qu'a connu le secteur forestier camerounais et des déclarations sur l'état du couvert forestier recueillies auprès des populations avant le milieu des années 80   .

Bref, la détermination du scénario de référence Base as Usual à base historique met en évidence les limites sur la maitrise des facteurs d'émissions. Il a été question de faciliter les inventaires forestiers par les communautés à travers les normes de niveau 3. La finalité étant la compréhension d'un pool carbone à base de la biomasse aérienne par les différentes parties prenantes.

CHAPITRE II : PARTIES PRENANTES, STATEGIES ET ENJEUX SOCIO-ECONOMIQUES ET ENVIRONNEMENTAUX DANS LA GESTION DU GIC COVIMOF ET MAITRISE DU RISQUE DE NON ADDITIONNALITE.

Dans cette partie de notre travail, il sera question de faire une lecture des acteurs usagers et du système[52] local de gestion de l'espace communautaire COVIMOF qui peuvent alimenter les risques de non additionnalité. Le recours à l'approche holistique ou participative permet de mieux indiquer toute la complexité dans le comportement des acteurs de la forêt communautaire GIC COVIMOF et l'émergence des enjeux socioéconomiques et environnementaux, politiques ou juridiques qui sous-tendent le développement des activités dans la gestion des écosystèmes des forêts tropicales humides.

Ce chapitre présente la dimension socio institutionnelle du risque de non additionnalité. L'ensemble des menaces qui peuvent retarder l'additionnalité d'un projet. Ces contraintes sont rassemblées au sein de la structuration des parties prenantes, les enjeux socioéconomiques et environnementaux qui sous-tendent le fonctionnement du GIC. Quelles sont les acteurs et les motivations qui guident l'ensemble des pratiques dégradantes perçues comme obstacles à **l'additionnalité** des futures activités REDD+ à l'intérieur du GIC COVIMOF ? Dans l'hypothèse que les risques de non additionnalité sont liés indirectement aux comportements des parties prenantes et de la défense des différents enjeux qui déclenchent l'accès et la gestion de la ressource forestière, ces risques de non additionnalité empêchent la réduction des émissions pendant les activités.

En effet, on analyse l'additionnalité en établissant ce qui aurait pu se produire sans intervention du gouvernement (De Laat et al, 2001) cité par Pirard, (2008). L'intervention du gouvernement représente les politiques et mesures liées à la REDD+. L'objectif de ce chapitre est de déterminer les risques de non additionnalité au sein du système de gestion de la COVIMOF. Pour y parvenir, nous avons traité les données

---

[52] L'utilisation du mot « système » renvoie ici aux approches systémiques que cherche à aborder les problématiques de gestion durable de ressources naturelles dans le Bassin du Congo.

recueillies sur le terrain. Les guides d'interview ont permis de cerner les attentes des personnes ressources liées à la REDD+.

I- <u>Les acteurs en présence et leurs modes d'intervention dans la</u> <u>COVIMOF</u>

Par rapport à la ressource COVIMOF[53], tous les membres du groupe ou de la communauté ont les mêmes droits d'usage[54] dans les conditions définies par le groupe ou la loi. « *Toutefois, ces droits demeurent inégalement et incomplètement appliqués* ». (Topa et Al. 2010). Qui sont ces acteurs du GIC COVIMOF?

Les parties prenantes du GIC COVIMOF sont plus ou moins identiques. Le statut de bénéficiaire dont se prévalent les membres de la communauté est partagé avec certains acteurs extérieurs qui conditionnent parfois la COVIMOF à des niveaux instables de gestion. De leurs interrelations dépendent des obligations et droits d'accès.

A- <u>La catégorisation des parties prenantes</u>

Dans le cadre d'une application du REDD+, il serait tout à fait logique d'identifier les différentes parties prenantes. Afin d'évaluer la tranche de la population concernée. Des 8 villages constituant le GIC COVIMOF, seule une frange de paysans est propriétaire d'une parcelle à l'intérieur de l'espace communautaire. Cependant, le développement des activités de la FC (forêt communautaire) ne s'effectue pas uniquement par la communauté. Il se fait également par l'entremise des partenaires techniques et financiers qui jouent un rôle d'assistanat.

1-<u>Les parties prenantes internes : les ayants droit de la COVIMOF</u>

Au départ de sa création la forêt communautaire GIC COVIMOF mentionnait trois villages : Melombo, Fakélé et Okékat. Il s'agissait d'une omission d'inscription sur les documents des noms des autres villages qui étaient pourtant concernés et impliqués.

---

[53] D'urgence, selon Mathieu et al (1995) *« les ressources de propriété communautaire peuvent être définies comme celles qui appartiennent à une communauté, même si cette possession est implicite et non formalisée »*

[54] Il faut garder à l'esprit que les droits d'usage se définissent par rapport au droit coutumier. Dans le cadre du GIC COVIMOF, chaque personne exerce ses droits sur les ressources qui lui ont été léguées par ces ancêtres. Ce GIC peut être perçue comme une mise en commun des terres (et les ressources qu'elles contiennent) coutumières des différentes familles regroupées dans les 08 villages concernés. (Entretien avec le délégué Départemental des forêts et de la Faune du Nyong et So'o, M. Hilarion NANKIA, 2011).

Aujourd'hui, avec le nouveau plan simple de gestion (PSG), elle s'est beaucoup ramifiée et s'articule autour de huit villages. En plus de ceux cités précédemment, les contrées Akomnyada 1 et 2, Ayos, Akak et Fakélé 1 en font partie.

-**Melombo** : C'est le village natif du gestionnaire, l'un des acteurs de première heure qui a œuvré pour la création de la forêt communautaire. Selon le recensement[55] effectué dans le cadre de l'élaboration du PSG, MELOMBO compte 54 hommes tous âges confondus avec une population active de 48 hommes et 52 femmes. Ce village est composé majoritairement de la lignée des *Abi* et des *Mvog Manzeh*.

-**Okékat** : Ce village est composé des *Abi* et des *Mvog Manzeh*. On y rencontre une population assez nombreuse. 88 hommes et 98 femmes tous âges confondus, avec une population active de 49 H et 68 F d'après le nouveau PSG.

-**Fakélé 1 et Fakélé 2** : Ces deux villages, composés principalement des Mvog Manzeh (Fakélé 1) et des Oyeck (Fakélé 2) sont situés sur une même trajectoire. Ils sont distants de mois de 1 km. La population de Fakélé 1(110 H et 122 F) est supérieure à celle de Fakélé 2 (62 hommes et 82 femmes), avec respectivement une population active de 63 H et 78 F contre 27 H et 43 F.

-**Akak** : Village le plus défavorisé en termes de population (23 h et 34 f), est composé des *Mvog Amougou*, avec une population active de 15 hommes et 18 femmes.

-**Ayos** : C'est un village composé uniquement des Ngui/ Ola'a (89 h et 102 f), avec une population active de 50 hommes et 54 femmes.

-**Akomnyada 1 et 2** : Villages voisins d'une distance de moins d'un kilomètre et d'un total d'habitants de 101 hommes et 132 femmes. Composés des *Inkoué*, des *Mvogkoda* et majoritairement des *Mvog Zouga*. La population active est composée de 66 hommes et de 86 femmes.

Malgré cette grande composante socio ethnique et un nombre important de villages (8) qui caractérisent la COVIMOF, la communauté présente un profil assez complexe d'organisation interne. Cette particularité ethnolinguistique peut constituer une contrainte de fonds si chaque village n'est pas représenté lors d'un projet REDD+. C'est

---

[55] Recensement effectué au cours de l'enquête socioéconomique de 2008.

présentement le cas dans le cadre de la gestion du GIC. Pour les populations, la COVIMOF n'existe pas parce que gérée par une poignée de personne. Pourtant, l'espace COVIMOF est spatialement représentatif. Chaque village possède un droit de hache définit en terme coutumier. Ce qui représente atout pour la REDD+. La problématique est que le découpage administratif n'a pas tenu compte de cette hiérarchisation de l'espace villageois.

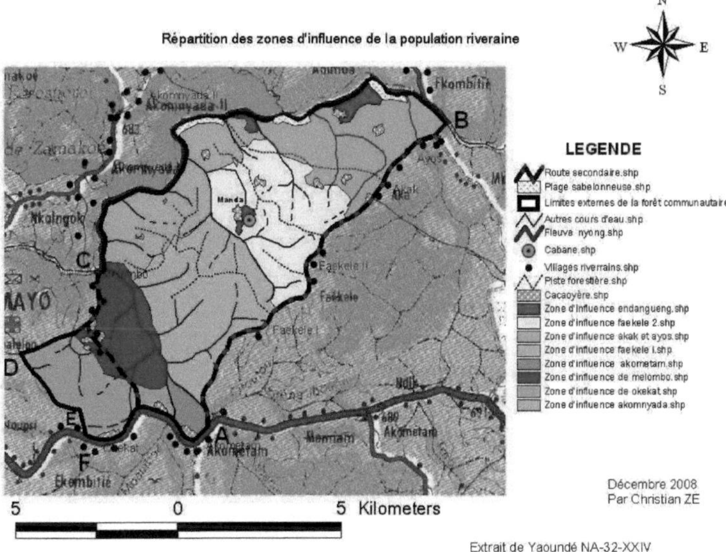

<u>Carte N° 3</u> : Hiérarchisation traditionnelle de l'espace COVIMOF

<u>Source</u> : Plan Simple de Gestion, 2009-2013

Chaque espace pris individuellement représente la zone d'influence du village concerné. Faekélé 1, 2 et Akak couvrent presque des surfaces à part égale de la forêt. Ensuite vient   Melombo. Okekat a la plus petite surface. Le partage des bénéfices ne tient pas compte de cette dimension spatiale. Certains villages sont défavorisés. A cet effet, le recours aux acteurs extérieurs semble constituer la principale voie de restructuration du modèle de gestion.

2-Les parties prenantes externes du GIC COVIMOF : une composante exogène du développement rural par le haut

Les acteurs privés, publics et parapublics forment la composante exogène du développement rural.

a)-Les acteurs privés : Il s'agit des partenaires économiques et des partenaires techniques et financiers. Les partenaires économiques constituent l'ensemble des clients ou acquéreurs des produits forestiers ligneux[56]. Ils sont soit des particuliers dotés de personnalité physique, soit des représentants d'entreprises dans la plupart des cas ou de personnalité morale à l'instar de l'établissement Module Bois. Ces partenaires forment un réseau de clientèle qui influence directement, selon leurs sens d'éthique et de confiance, l'exploitation forestière de la COVIMOF. Le REDD-plus dans sa composante amélioration du stock de carbone ou conservation pourrait constituer un véritable obstacle au déroulement de leurs activités. Néanmoins, il existe des points d'adhésion au futur mécanisme à l'instar du volet gestion durable des forêts et agriculture intensive.

Par ailleurs, seul le CED (Centre pour l'Environnement et le Développement) se présente comme partenaire technique et financier. Depuis son arrivée en fin 2006, la COVIMOF a pu se créer une image dans la gestion des FC. Les axes prioritaires à savoir : le renforcement des capacités de la population locale, l'accompagnement dans la mise en œuvre des opérations de gestion, des appuis financiers, matériels et conseils juridiques ont été les principales interventions d'appuis de cette ONG. C'est un membre de la société civile qui s'occupe des projets REDD+ dimension PSE. En adoptant le label Plan Vivo[57], l'objectif global du Projet PSE est celui d'apporter un soutien positif aux communautés du Cameroun avec la possibilité de l'étendre plus largement dans le Bassin du Congo, afin de protéger les ressources forestières en identifiant les moyens d'intégrer les paiements pour les services environnementaux (PSE). Le cas des forêts

---

[56] Le plan simple de gestion prévoie également l'exploitation des produits forestiers non ligneux. Mais dans les faits, l'exploitation s'est limitée aux produits ligneux.

[57] Plan vital ou plan d'aménagement élaboré par un producteur pour gérer sa terre, sur le long terme. Standard méthodologique du REDD+, les Plans Vivos intègrent la séquestration de carbone ou la réduction des émissions. Leurs spécificités est d'aborder les activités de séquestration et de stockage du carbone sous l'angle du paiement pour services environnemental(PSE) et d'assurer que les paiements vont directement aux producteurs qui changent leurs pratiques. Source : Plan Vivo Standards ; 2008.

communautaires Nkolenyeng et Nomedjoh ont constitué des zones de mise en œuvre (PIN Communauty PSE, 2010).

b)-<u>Les acteurs publics</u> : Dans leur position de tutelle, les parties prenantes de nature politique ou administrative apportent au GIC des appuis institutionnels. Les réformes du secteur forestier entamées dès 1994 ont permis de mettre en scelle deux principaux acteurs :

-Le Ministère de l'Environnement et de la Protection de la Nature (MINEP) et celui des Forêts et de la Faune (MINFOF).

Ces acteurs institutionnels constituent aujourd'hui des atouts susceptibles d'être mobilisés et adaptés dans le contexte REDD+. « *La coordination entre partenaires du MINFOF et du MINEP qui se déroule dans le cadre du cercle de concertation des partenaires du MINFOF et du MINEP(CCPM) semble en général mieux marcher dans l'harmonisation de l'aide au développement et de leurs interventions dans le cadre du programme sectoriel forêt et environnement(PSFE)* »(Dkamela,2011).

-Le Ministère de l'Agriculture et du Développement Rural (MINADER), le Ministère des Domaines et des Affaires Foncières (MINDAF), le Ministère de l'Administration Territoriale et de la Décentralisation (MINATD) et le Ministère de l'Economie, de la Planification et de l'Aménagement du Territoire (MINEPAT).

Ils ont tous un rôle à jouer dans la gestion des FC, en l'occurrence le GIC COVIMOF. Ces acteurs agissent indirectement sur la gestion de l'espace. Ils peuvent intervenir au niveau des activités de gestion durable de la FC, de conservation et de modernisation de l'agriculture. Ce sont des champs d'application du mécanisme REDD+.

c)-<u>Les acteurs parapublics</u> : Ils aident les différentes administrations à poursuivre les objectifs de développement. Ces objectifs peuvent constitués la lutte contre l'exploitation illégale des forêts et le renforcement d'initiatives paysannes en matière de gestion communautaire. Dans le cadre des activités du GIC la COVIMOF, on a le **RIGC** et le **REM**.

Le **RIGC** (renforcement des initiatives de gestion communautaire) est un projet mis en œuvre par le MINFOF sous fonds PPTE qui a pour mission le renforcement des capacités, appuis techniques et financières des GIC des forêts communautaires initiatives dans de gestion de leurs forêts. Il a octroyé des appuis financiers et matériels, notamment les tronçonneuses (03) à faibles taux d'intérêts, au GIC COVIMOF.

Le **REM**, observatoire indépendant des infractions forestières est un organisme en partenariat avec le MINFOF pour le développement des stratégies de régulation et d'application de la loi forestière. Il opère par des activités de terrain et recense les différentes infractions liées aux contentieux forestiers. C'est le cas de l'affaire EcamPlacage contre GIC COVIMOF qui suit son cours au tribunal de première instance de Mbalmayo.

Cette vue holistique touche toutes les parties intervenant de près ou de loin dans la gestion du GIC. Elle impacte considérablement les relations entre elles. Ces relations doivent être identifiées, améliorées, réexaminées ou établies.

B- <u>La nature des relations entre acteurs : divergence ou convergence d'intérêts </u> ?

D'après Auclair (1996), l'« *un des facteurs les plus déstructurant pour l'organisation communautaire est l'apparition d'intérêts divergents parmi les usagers* ».La gestion du GIC COVIMOF le démontre pour certains types de relation en présence. Ce processus relationnel parfois complexe influence son mode de gestion. Ces intérêts adverses pourront contrariés l'application du REDD+.

1- <u>Les relations entre acteurs à l'image d'un jeu d'intérêts</u>

Les différentes relations qui se dessinent à travers les catégories d'acteurs différents sont fonctions des intérêts. Les besoins que ces acteurs entendent exprimer renvoient à l'exploitation ou la conservation de la ressource. Il sera judicieux pour la REDD+ de se baser sur les relations existantes afin d'évaluer l'état de communication et de partage d'opinions ou d'intérêts des acteurs en présence.

a) <u>La relation de tutelle</u>

C'est une relation basée sur les facteurs techniques, politiques et économiques de gestion des FC. A partir de 1992, après la signature par le Cameroun de la convention de RIO, une réelle volonté politique a pris corps. De ce fait, les délégations départementales des différents ministères en cause gravitent tout autour du GIC dans l'exercice de leur activité régalienne. Pourtant, du côté de la communauté, ces notions de foresterie communautaire sont dépourvues de sens (voir tableau n°). C'est dans ce sens que Sonwa et Al, (2011) déclarent : « *l'absence des liens forts entre organismes étatiques, niveaux de gouvernement et communautés constituent un obstacle supplémentaire* ». Malgré les difficiles accords passés avec certains partenaires économiques, l'organisation de la COVIMOF entreprend des activités qui lui permettent de promouvoir des relations encourageantes de développement communautaire. (Voir tableau n° 6).

<u>Tableau n°6</u> connaissance des lois et règlement par la communauté

Village	Lois et règlements			
	Loi de 1994	Manuel de procédure de gestion des FC	Règlement intérieur de la Covimof	Total
Akak	0	0	1	**1**
Ayos	1	2	3	**6**
Akyda1	2	0	0	**2**
Akyda2	0	0	1	**1**
Fakélé1	0	1	0	**1**
Fakélé2	0	1	3	**4**
Melo	2	1	3	**6**
Okekat	0	0	0	**0**
Total	**5 (O.08)**	**5 (O.08)**	**11 (O.18%)**	**21 (O.35%)**

<u>Source</u> : **Enquête de terrain, 2011**

Il existe trois catégories de lois et règlement. La loi forestière de 1994, le Manuel de procédure de la foresterie communautaire et le règlement intérieur de la COVIMOF. De ces trois documents, le règlement intérieur est connu par un petit groupe, membre du GIC COVIMOF. Sur 60 personnes interrogées, seuls 21 soit 0.35 % seulement ont connaissance des lois et règlements. Le Manuel qui devrait être le premier document à la disposition de chaque individu ne l'est pas.

b) <u>La relation de coopération</u>

C'est une relation basée au préalable sur différents arrangements (de partenariat ou d'assistance) qui permettent de mettre à la disposition de la communauté une ouverture avec le monde des affaires et de conquérir des éventuels marchés. Le GIC est assisté par le CED et la Délégation Départementale des Forêts et de la Faune du Nyong et So'o. Certaines relations de coopération conduisent à des conflits, surtout lorsque les intérêts divergent. Le cas de l'état de coopération avec des clients véreux[58] qui n'ont guère pu respecter leurs engagements.

c) <u>La relation conflictuelle : genèse des intérêts antagonistes</u>

Les relations conflictuelles naissent soit à l'occasion d'une défaillance des liens contractuels de la part des acquéreurs, soit à l'intérieur même de la communauté. Elles peuvent exister entre les villages ou les populations d'un même village et être liées à la gestion de la COVIMOF.

<u>Tableau n°7</u> : **Quelques types de conflits en cours dans le GIC COVIMOF.**

	Nature du conflit			
Village	**Conflits lies aux partages des bénéfices**	**Conflits à l'accès à la ressource (conflits fonciers)**	**Conflits liés aux villages voisins (conflit lié à l'information)**	**Conflits entre le comité de gestion et les exploitants forestiers**
Akak	1	1	0	0

[58] Ce sont quelques acheteurs de bois qui passent de temps en   temps la commande. Une fois la commande passée (c'est-à-dire l'arbre est coupé et mise en planches ou lattes selon le choix du client), le bois débité demeure dans les sites d'abattage. Le comité de gestion étant obligé de patienter plusieurs mois pour le versement des créances dues par l'acheteur.

Ayos	12	14	2	7
Akyda1	3	3	0	0
Akyda2	5	4	1	4
Fakélé1	7	4	1	3
Fakélé2	10	9	1	6
Melo	11	12	0	8
Okekat	1	1	0	1
Total	**50**	**48**	**5**	**29**

<u>**Source,**</u> Agoum ghislain enquête 2011

Le principal conflit qui pourrait retarder toute action REDD+ au sein de la COVIMOF est celui liés au partage des bénéfices. C'est le point culminant du niveau de distorsion entre les populations et les membres du comité de gestion. Ces derniers sont victimes des conflits liés aux exploitants forestiers (absence de retombées financières). Les conflits liés à l'accès à la ressource c'est-à-dire ceux relatifs aux fonciers viennent en seconde position. Les cessions de terrain communautaire se font de plus en plus ressentir.

Avec la recrudescence des conflits fonciers, des conflits liés aux partages des bénéfices et à la ressource elle-même (voir tableau n°7), la communication entre les populations reste hypothétique. En l'absence de réalisations socioéconomiques entre les populations et le comité de gestion[59], on assiste à une relation de saouls. Et c'est cet aspect des choses qui dénature et différencie les modèles de gestion du territoire.

2- <u>**Les conséquences sur le modèle de gestion de l'espace COVIMOF**</u>

Tout dispositif de gestion ou de cogestion s'inspire d'un modèle bien précis. La gestion des écosystèmes forestiers met en scène plusieurs modèles ou approche d'organisation de l'espace. Mathieu .P (1996) distingue quatre variantes principales qui existent aujourd'hui :

---

[59] Le comité de gestion représente l'organe exécutif du GIC COVIMOF. Il représente l'ensemble de la communauté dans tous les actes qu'il pose. Il est tenu de rendre compte à la communauté. Pour son fonctionnement Il obéit à un règlement intérieur.

-**L'approche communautaire** qui préconise volontiers le rôle déstructurant de l'Etat dans l'affaiblissement des communautés traditionnelles et la diminution historique de leur pouvoir de gestion des ressources locales.

-**Le modèle populiste,** qui voit les contradictions sociales autour de l'environnement comme situées principalement entre les communautés locales et des acteurs extérieurs plus puissants : l'Etat, les firmes privées et les élites qui sont liées à la ville et au marché.

-**L'approche participative gestionnaire** qui milite pour la reconnaissance d'un pouvoir de gérer, notamment les revenus des ressources et l'affirmation de droits de propriété garantis des communautés sur la ressource. *« Dans bien des gestions forestières, les mécanismes fonciers traditionnels peuvent être encore opérationnels et les pouvoirs publics peuvent transférer le contrôle des terres forestières et des arbres aux communautés locales en leur attribuant des titres de propriété collectifs... »*

-**l'approche bureaucratique**. C'est une tendance à l'œuvre dans les discours participatifs. Elle invoque aussi l'obligation de gestion rationnelle, mais en mettant l'accent sur les relations de tutelle et de contrôle qui doivent se maintenir entre l'Etat et les populations rurales.

On peut à cet effet s'interroger sur le type de modèle que reflète la GIC. Vu les contraintes et priorités de acteurs à promouvoir leur développement à la base, le modèle bureaucratique ou dirigiste dont dépend la FC est affecté par des contradictions identitaires, ancrées sur des structures et mentalités villageoises. Les parties prenantes et les relations qui s'y développent sont parfois la résultante de situations de malentendu.

La première relation incertaine et timide se situe entre le comité de gestion et la population de la COVIMOF. Celle-ci n'entretient aucune relation avec le MINFOF, le MINEP, les partenaires économiques. Le REM et le RIGC ont été en contact avec les populations à l'occasion des projets ou des investigations sur le terrain. Ce type de relation s'est avéré spontanée. La Délégation Départementale des Forêts est l'intermédiaire des différentes parties prenantes. Ceci entrevoit une relation certaine entre le CED, le comité de gestion, le MINFOF et la Délégation Départementale des Forêts.

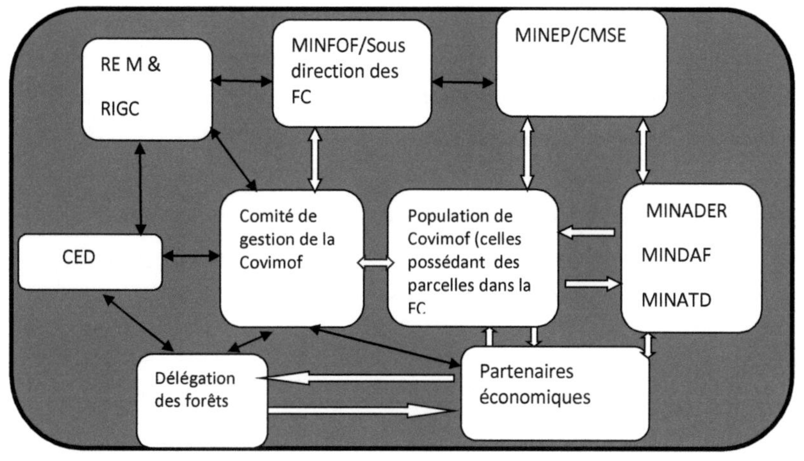

<u>**Source**</u> : Agoum Ghislain, 2011   relations certaines : ←→ relation incertaine, timide ⇨

<u>**Figure n°7**</u> : Schéma relationnel entre différents parties prenantes intervenants au sein de la COVIMOF.

Ces types de relations prédisposent les différentes catégories d'acteurs à des facilités d'accès à la ressource et au développement des mécanismes d'usage.

C- <u>Facilités d'accès à la ressource forestière et développement des mécanismes d'usage dans la COVIMOF</u>

Qu'il soit légitime ou non, l'accès à but conservatoire ou d'exploitation est régi par des facilités (moyens) d'entrer et de sortie. Ces différentes facilités qui s'expriment en termes d'autorisation, de liberté et d'obligation peuvent varier d'un groupe d'acteurs à l'autre. Elles tendent à modifier le paysage forestier. On y observe des formes d'usages, calquées sur le rythme des besoins socioéconomiques et induisant des modes d'interventions spécifiques. Ces facilités sont considérées comme des facteurs de dégradation, susceptibles de faire écran aux activités REDD+.

1- <u>Les facilités d'accès dont se prévalent les acteurs et ayant droits</u>

Dans la plupart des cas, les ayant droits de la COVIMOF y ont accès par « une facilité de fait », le fait de l'histoire et de la culture. Les autres acteurs sont munis d'une « facilité de droit », valide selon une durée déterminée.

a) <u>Facilités historique et culturelle</u>

C'est là que s'articule toute l'originalité du comportement du paysan de la COVIMOF. L'accès à la terre, surtout dans l'espace communautaire, date des temps des ancêtres. Entre réalité culturelle et adaptabilité moderne, s'inscrit une rigueur de la tradition. La maîtrise de la continuité par le droit d'héritage ou de succession est une raison de penser que la gestion de l'espace COVIMOF par les représentations historiques et culturelles est vivante et même loin de toute ouverture à la modernité. *« Les populations procèdent souvent à partir des données empiriques susceptibles de rendre compte du potentiel écologique des sites en dehors des zones d'habitations »* (Mboga.1999).

Seule la donation sans possession à titre gratuit dans certains cas tente de seconder les droits purement traditionnels. Certaines populations forestières, issues des générations récentes y accèdent par donation d'un membre de la famille. Un membre du village Akomnyada 2, possédant 300 ha, a octroyé quelques hectares avec rétrocession[60] ultérieure à l'un de ses voisins et à certains membres de la famille dont la bonne foi est acquise.

En marge de ces facilités historiques et culturelles se sont installées au fil des ans, avec les nouveaux modes de gestion de l'espace et les besoins de l'heure (lutte contre la pauvreté) les facilités de droit.

b) <u>Les facilités de droit</u>

Ce sont soit des contrats verbaux ou écrits passés entre la GIC COVIMOF et les partenaires économiques, soit la responsabilité du bureau de gestion dans la procédure d'acquisition d'une parcelle. Elles peuvent aussi constituer les droits de regard et d'assistance qu'exercent l'Etat, les ONG et les bailleurs de fonds.

En effet, l'accès à la COVIMOF peut s'opérer en marge du respect (sur le fonds) des privilèges que procurent ces facilités. Celles-ci semblent pour certains leurs conférer une emprise totale à l'usage de la ressource. Ce cas de figure nous produit quelques inquiétudes. Le contrat passé entre le bureau de la forêt communautaire (comité de gestion) et un éventuel client lui donne-t-il la possibilité d'y accéder et à

---

[60] Acte par lequel on rend un bien, un droit à celui de qui on l'avait reçu.

n'importe quel prix ? Le développement de plusieurs types d'usages et formes d'interventions en disent long.

2- <u>Le développement des types d'usages et formes d'interventions</u>

A force d'y accéder de droit ou de fait, le paysage est modifié et transformé selon les besoins de l'Homme. Ces formes d'interventions et types d'usages démontrent profondément ce qu'est la GIC COVIMOF pour les groupes d'acteurs en présence. Ces comportements peuvent portent préjudice à une gestion forestière durable engendrée par la REDD+.

a) <u>Les formes d'interventions</u>

Comme la quasi-totalité des populations forestières du Bassin du Congo, les ayant droits c'est-à-dire les membres de la communauté interviennent dans la GIC COVIMOF afin de lutter contre l'éternelle pauvreté. « *Source de richesse pour les civilisations du monde tempéré, depuis plusieurs siècles, les forêts tropicales font depuis deux décennies l'objet de toutes les attentions, en ce qui concerne leur développement économique* » (Mboga, 1999). Ainsi la recherche de l'amélioration des conditions de vie amène les populations affiliée au GIC COVIMOF à développer soit la petite agriculture itinérante d'abattis sur brûlis, soit la petite agriculture vivrière sur front pionnier. Parfois, la récolte du bois de chauffage pour autoconsommation ou commercialisation urbaine réussit à cacher les initiatives personnelles de reboisement.

Les coupes d'arbres de manière frauduleuse et spontanée réduisent l'action du riverain à la recherche du gain individuel. Ces coupes d'arbres sans justification aucune à des besoins à titre personnel sont pour eux des alternatives à la pauvreté. Avec la venue de la forêt communautaire, l'on a tendance à croire que les choses se sont empirées. Les types d'usages en décrivent la situation.

b) <u>les types d'usages en cours de la COVIMOF</u>

Au-delà de l'exploitation forestière opérée depuis 1981(avant la création du GIC), les communautés ont également joué un rôle important lié à l'état écologique de la ressource.

En effet, le massif forestier qui est aujourd'hui attribué au GIC COVIMOF à été traversé par quatre séries d'exploitation. La première en 1981 par la société SOFECAM à l'occasion de l'ouverture de la piste Akometam-Mbega. La seconde intervient en 1986 par vente de coupe par la société SIMPLEX. La troisième intervient en 1996 par la société PK dans le cadre du projet d'ouverture de la route Okékat-Melombo. La dernière exploitation quant à elle s'exécute en 2001 à travers un projet de désenclavement visant l'aménagement de la route secondaire Akometam-Nkolngui.

En plus de cette exploitation forestière qui depuis 2006 est gérée par la Covimof elle-même, les populations pour la plupart du temps exploitent l'espace sous forme de champs vivriers (bananes plantain, macabo, arachides …etc.), et de plantations de Cacao. Certaines jeunes et vieilles jachères servent de terrain de chasse. La chasse a lieu de façon spontanée, uniquement pour des besoins de nutrition. Ces besoins constituent le mobile fondamental de l'exploitation.

II- <u>Les mobiles de l'exploitation de la Covimof : concilier enjeux économiques et nécessité écologique.</u>

Bien que l'enjeu économique constitue la principale motivation dans le développement des stratégies d'exploitation, la gestion collective des ressources forestières de la COVIMOF est aujourd'hui remise en cause. Le lien entre l'exercice des droits coutumiers et la génération de revenus n'est pas aisé à établir. *« Il faudrait surmonter les problèmes liés à une régulation excessive, aux contraintes techniques et économiques, à une connaissance insuffisante du contexte social, et aux intérêts personnels, pour permettre à de nombreuses autres communautés de créer, gérer et préserver leurs propres forêts en fonction de leurs priorités »*.(Topa et Al, 2010). Comme conséquence, le partage des bénéfices peut être regroupé autour d'une poignée de personnes (comme prétendent quelques-uns).

A- <u>Enjeu économique comme principale motivation des groupes d'acteurs.</u>

Les mobiles individuels ont tendance à prévaloir sur les motivations collectives.

1- <u>Les mobiles individuels (ou mineurs)</u>

Avant l'arrivée de la FC (l'avant COVIMOF), les populations riveraines avaient toujours individuellement exploité l'espace forestier. Cette exploitation s'opérait dans un cadre familiale. Les terres et ressources forestières appartenant à des familles. La défense des droits coutumiers constitue en effet le mobile mineur dans la résilience des populations à se tourner au développement communautaire.

Spatialement, le GIC COVIMOF ressemble à une association de parcelles individuelles issues du droit d'héritage des ancêtres (défini à l'époque par le droit à la hache du premier occupant). *« Par opposition aux systèmes d'agriculture itinérante où les terres sont souvent gérées de façon collective, le succès des systèmes agricoles permanents repose sur un parcellaire privé et une gestion individuelle des terres »* (Michon et al, 2002).

Etant donné la responsabilité familiale dont se prévaut chaque planteur ou cultivateur, les populations se servent de ces *« systèmes agricoles permanents »* à tous les prix, et convergent d'après Karsenty (1999) vers une accumulation individuelle à sommes nulles qui menacerait l'ordre communautaire. En effet, à proximité de Mbalmayo c'est-à-dire de 2 à 12 km selon la position géographique des villages, la conquête des marchés agricoles commande les comportements individuels. Si *« les systèmes de production agricole dépendent alors des marchés et des apports monétaires que peuvent générer la commercialisation des produits et leurs fréquences »* (Ramamonjiosa B., 2005). Dans la COVIMOF, les femmes consacrent une partie de leur temps à la récolte et l'écoulement des produits.

Ces initiatives sont parfois superposées et conduisent à des actions communes (la création des GIC agricoles) : les définitions des alternatives qui pourront permettre aux populations d'affronter le quotidien, aux dépens des valeurs écologiques énoncées par les défenseurs du climat.

2- <u>les motivations collectives (ou prioritaires)</u>

Qu'est ce qui peut pousser les membres d'une communauté à agir dans l'intérêt collectif ? Dans une tentative de réponse, on pourrait admettre que l'expression d'un manque individuel de même ordre et de même nature peut être ressenti par toute la collectivité. Ce même sentiment procure progressivement une volonté commune à résoudre une difficulté générale. En effet, l'ensemble des membres du GIC COVIMOF est conscient des changements climatiques, de leur cause et de la manière dont le problème peut être traité. Au moment où le manque d'approvisionnement en eau potable, le manque d'écoles, de centres de santé et d'électricité se pose à MELOMBO et dans les villages voisins, la volonté de créer une plate-forme communautaire et bénéficier de ses avantages en termes d'œuvres socioéconomiques devient une priorité.

C'est cette juxtaposition des priorités, parfois concurrentielles (entre nécessité écologique et priorité socioéconomique) qui pourra démontrer l'efficacité d'une action collective. *« Les membres d'une communauté ne seront enclins à suivre des règles et des arrangements collectifs que pour répondre à des besoins perçus comme intenses et qu'il n'est pas possible de satisfaire par des réponses individuelles »* (Mathieu, 1995). Dans le cadre de notre étude, la REDD+ est perçue comme intense et peut être appliquée par des arrangements collectifs.

Certes, la GIC a été créée pour la réalisation des œuvres sociales et économiques, présentant un grand déficit au sein de la communauté. Plus de dix années de gestion communautaire se sont écoulées et aucune action concrète n'a été faite. Doit-on penser à l'illusion communautaire ?

B- <u>La gestion collective des ressources forestières : mythe ou réalité ?</u>

L'évolution rapide du monde réel a apporté aux populations rurales des changements d'ordre culturel et social et affecté les règles traditionnelles de gestion de l'environnement. Dans la COVIMOF, on assiste plutôt à un paysage particulier. La conscience individuelle y persiste à tel enseigne que la gestion collective tend à céder la place à l'individualisme communautaire.

1- <u>L'individualisme communautaire comme réponse aux évolutions en cours</u>

La maîtrise communautaire des ressources est au premier chef associée à des communautés circonscrites au plan géographique dans lesquelles les liens de parenté viennent à la rescousse des liens territoriaux. Ces derniers sont perçus en termes de lignée dans le cas COVIMOF. En effet notre zone d'étude se compose de dix lignées, recensées dans les différents villages concernés et le véritable problème de gestion qui se pose est la transformation des mentalités individuelles en conscience collective dans un contexte de foresterie communautaire. Cette conscience doit dépasser les clivages ethniques et transformer la propriété privée traditionnelle en une arme de projet communautaire. Mais lorsque la pression d'utilisation est forte, la gestion des écosystèmes comme la COVIMOF renvoie de l'imaginaire collectif à la conscience individuelle. *« On passe d'une conception où la ressource est commune et où personne ne sent une responsabilité dans la gestion de celle-ci, à une vision où chacun peut connaître les effets de sa propre action ».* (Griffon, 1992). La gestion collective devient de ce fait une contrainte au développement communautaire proprement dit.

2-<u>Le collectivisme timide dans la COVIMOF</u>

Le choix social d'élaborer, puis de faire fonctionner des arrangements collectifs n'est pas une option naturelle ou spontanée. *« Cette option entraîne des coûts de transaction importants, en temps et en énergie principalement, mais aussi en troubles relationnels, en risques de conflits, en incertitudes. Le temps et l'énergie social à investir le seront uniquement lorsque les bénéfices sont importants et / ou lorsque la gestion communautaire apparaît comme l'option à la fois la plus efficiente et socialement acceptable pour assurer des individus et la reproduction du groupe »* (P. Mathieu, 1995).

Ce postulat énonce les caractéristiques d'une gestion communautaire effective. Ces caractéristiques permettent de mettre à l'épreuve le collectivisme de la COVIMOF. En effet, la création de la FC a été faite dans le but commun de répondre aux insuffisances infrastructurelles en matière de santé, d'éducation, d'eau…etc. Ce manque est perçu comme une nécessité vitale.

La FC est composée de 08 villages de taille moyenne chacun, parmi lesquels celui de Melombo situé à l'intérieur de la forêt, contrairement à ceux d'Akomnyada 1 et Akomnyada 2 où les populations traversent le Nyong. Certaines communautés usagères n'appartiennent même pas à ces groupements. Elles viennent plutôt du département de Nfou mais possèdent des terres à l'intérieur de l'espace communautaire. Autant il y'a des villages à recenser et à sensibiliser, autant la procédure de consultation des communautés s'avère complexe. De surcroît, COVIMOF avait été l'idée d'une seule personne, le fondateur, un habitant de Melombo, ancien employé à la SOTUC[61]. Cette initiative dénommée COVIMO débute autour de deux villages Melombo et Okékat. Ensuite Fakélé 1 et Fakélé 2 sont intégrés. Puis le dispositif d'intégration a finalement atteint son point de chute suite à la plainte des villages du côté du Nyong.

Présentement, l'organisation commune est perçue par la grande majorité de la population comme une sorte d'organisation restreinte, initiée par « quelques personnes » qui ont à jouir des profits issus de l'exploitation forestière. Ce processus de gestion communautaire, handicapé dans sa structure interne, occulte une problématique courante : le partage des bénéfices. Cette problématique est considérée comme une entorse au REDD+.

C- **Les mécanismes de partage de bénéfices issus des activités forestières du GIC COVIMOF**

Dans le cadre d'une gestion communautaire, pour plus de transparence et de crédibilité, un mécanisme de partage des profits comporte deux phases : les critères d'attribution et la nature même des bénéfices et ensuite le devenir ou les éventuelles destinations de la rente forestière.

1- **La nature et les conditions d'attribution des bénéfices**.

Qu'elles soient individuelles ou collectives, les conditions d'attribution relèvent d'une part l'Etat et d'autre part la communauté.

a) **La nature des bénéfices**

Les bénéfices sont l'ensemble des avantages et privilèges en nature et en numéraire qui permettent la compensation des droits coutumiers et surtout la réalisation d'œuvres sociales et économiques de manière équitable et transparente pour le bien-être de la communauté. Dans la présente étude, nous distinguons les bénéfices individuels des bénéfices communautaires.

-Les bénéfices individuels ou compensation des droits coutumiers[62] : Ce sont des arrangements spécifiques passés entre les gestionnaires d'une FC et le propriétaire de la

---

[61] Société des transports urbains du Cameroun

[62] Il s'agissait des initiatives tendant à prendre en compte les droits coutumiers qui resurgissaient dans la plupart des conflits et ne pouvaient plus être occultés. Le principe voudrait que l'on considère que la gestion forestière communautaire n'exclue plus ou pas

parcelle dans laquelle est localisé l'arbre à couper. Ils matérialisent le lien de propriété identitaire et culturel entre la valeur de l'arbre et le droit coutumier du potentiel bénéficiaire.

Ces profits, non codifiés par le manuel de procédures des forêts communautaires, sont fixés par le comité de gestion en collaboration avec le Délégué Départemental des Forêts et de la Faune. Le GIC compense les droits traditionnels selon la nature du bois :

- Bois Rouge ⟶ 3500 FCFA le mètre cube
- Bois Blanc ⟶ 3200 FCFA le mètre cube

Toutefois, ces compensations (sommes versées au propriétaire coutumier de l'arbre à exploiter) peuvent faire l'objet d'un accord à l'amiable, en nature. C'est le cas du compromis passé entre une femme originaire du département de Nfou, qui n'a voulu rien recevoir comme argent pour la compensation de ses droits. Son souhait était uniquement basé sur un morceau de bille de bois pour la confection d'une pirogue. *« Le Bilinga de préférence est indiqué pour la fabrication des pirogues et je demande cela à cause des dégâts occasionnés dans mon champ »* affirme-t-elle. (Voir photo ci-dessous)

les droits traditionnels sur les ressources forestières. Cette initiative était en discussion avec les membres de la communauté pour son adoption et sa mise en œuvre.

A=   forêt non encore convertie, C= Morceau de bille de Bibinga prêt à être débité, B= fumerolle issues des feux de brousse, D= appareillage de la Lucas Mill   E=   surface déboisée prêt pour labour.

-Les bénéfices collectifs ou fonds de développement communautaire : Ce sont des bénéfices issus de l'exploitation forestière, dont l'ordonnancement relève des tâches du comité de gestion conformément au plan simple de gestion (PSG). Selon l'article 6 du récent arrêté N° 0520/MINATD/MINFI/MINFOF du 03 juin 2010 fixant les modalités d'emplois et de suivi de la gestion des revenus provenant de l'exploitation forestière des produits forestiers et fauniques, « *les revenus issus des forêts communautaires reviennent à 100% aux communautés concernées. Ils sont gérés par le bureau de l'entité juridique concernée et utilisés conformément aux prescriptions des plans simples de gestion desdites forêts.* »

b) Les conditions d'attribution des bénéfices

Selon l'article 22 de l'arrêté précité, alinéa 2, « *les recettes issues des forêts communautaires sont également affectées à hauteur de 10% maximum au fonctionnement de l'entité juridique concernée et de 90% minimum à la réalisation des projets contenus dans le plan simple de gestion* ». Dans la COVIMOF, malgré les difficultés de gestion interne, le comité de gestion repartit les bénéfices selon les charges d'exploitation, de gestion et de fonctionnement. La planification se fait selon le prix du mètre cube, qui dépend du partenaire économique en présence. Ces profits sont distingués de la manière suivante :

-Un pourcentage attribué aux œuvres sociales et économiques.

-Un pourcentage attribué aux compensations de droits coutumiers.

-Un pourcentage affecté au remboursement (crédits issus du projet RIGC).

-Un pourcentage dédié au fonctionnement de l'entité juridique (entretien du personnel, transport et matériel).

- Un autre pourcentage dédié à la caisse noire Caisse noire.

-Un pourcentage pour l'épargne (en banque à hauteur de 10 000 FCFA le mètre cube).

Cette répartition ne se trouve pas dans le règlement intérieur. De plus, les salaires des responsables du GIC ne sont pas également mentionnés. Les pourcentages ne sont pas fixés à l'avance et ne sont connus que par quelques membres du comité de gestion. Ce qui relève d'une certaine hypocrisie, car il y'a pas franc jeu. Pas d'intérêts pas d'actions. Cependant, une absence de réalisation des œuvres sociales et économiques a été constatée et met en doute la véritable destination des revenus.

2- <u>La destination des revenus : difficiles réalisations des œuvres sociales ou simple partage de la rente forestière ?</u>

Quelles que soient les conditions d'attribution, le volet œuvres sociales est considéré comme la priorité des priorités et exige d'énormes affectations (90% minimum)[63]. Mais le GIC COVIMOF nous présente une expérience assez singulière. Il y a longtemps, avant le statut actuel de la forêt, l'entreprise PK (société forestière Pascal Kouri) avait entrepris des réalisations sociales[64] (constructions des puits d'eau à manivelle, des écoles, des ponts et des routes).

Cependant, en dehors de la route forestière Okékat –Melombo, la forêt communautaire jouit d'une réputation déconfortante. Elle est perçue par la majorité des populations comme un groupe restreint de personnes. Ce groupe est constitué en majorité des membres du comité de gestion. Ces membres se partagent la rente forestière. En effet, il s'agit d'un clivage qui s'est souvent remarqué entre un groupe et ses représentants. Ces derniers détournant souvent la quasi-totalité des bénéfices de l'activité communautaire à son avantage. *« Depuis qu'on nous parle de forêt communautaire, on ne sait même quand cette affaire-là a commencé. Quatorze ans de cela, et rien n'a été fait par COVIMOF, sauf détruire les ponts construits par PK »*, martèle un riverain.

---

[63] « Les recettes issues des forêts communautaires sont également affectées à hauteur de 10% maximum au fonctionnements de l'entité juridique et de 90% maximum à la réalisation des projets contenus dans le Plan Simple de Gestion. Article 22 al 2 de l'Arrêté conjoint n° 0520 MINATD/MINFI/MINFOF du 03 Juin 2010 fixant les modalités d'emploi et de suivi de la gestion des revenus provenant de l'exploitation des ressources forestières et fauniques destinés aux communes et communautés riveraines.

[64] Ces œuvres sociales ont été faites dans le cadre d'un titre de récupération du bois avec ouverture de route. Cette récupération de bois est prévue par la loi dans l'emprise de 75m de part et d'autre de la chaussée. Mais il s'est avéré que dans le cas présent, PK était allé au-delà de ces limites et a exploité frauduleusement du bois dans la forêt du GIC COVIMOF qui avait déjà reçu un accord de réservation de ladite forêt de la part de l'Etat. (Entretien avec M. NANKIA Hilarion, 2011)

D'un côté, les gestionnaires de la FC attribuent la grande partie de responsabilité aux partenaires économiques ou prestataires de services défaillants et de mauvaise foi. A la fin des contrats, certains clients, ne respectent pas les obligations liées à leurs engagements. Cette mauvaise foi peut se traduire par le non-paiement des créances dues, après production de bois débités. L'utilisation des documents de l'entité juridique à des fins personnelles se passe également hors du territoire communautaire. D'autres, après avoir reçu des avances de chantiers, disparaissent complètement. A titre illustratif si MELOMBO ne possède pas de puits, c'est par la mauvaise foi d'un maçon qui, après avoir fait des promesses a reçu une somme à hauteur de 600 000 mille francs, le projet est resté caduc jusqu'aujourd'hui. Tout ceci est la conséquence d'un fort déficit de communication, de transparence et même de gouvernance du groupe dirigeant vis-à-vis du reste de la communauté.

Pour conclure, les incohérences et les malentendus sont énormes et se juxtaposent. Le système de partage de bénéfices suscite beaucoup d'inquiétude. Cela nous autorise à penser que la gestion des ressources forestières de COVIMOF est problématique dans la mesure où elle ne produit pas de développement attendu. Le disfonctionnement de la structure de gestion semble être la principale cause.

III- <u>Conséquences socio-économiques et environnementales : genèse des pratiques dégradantes comme alternatives à la lutte contre la pauvreté</u>

A- <u>Impacts socio-économiques : compétition entre des acteurs et disparités dans l'amélioration des conditions de vie.</u>

A l'intérieur du système de gestion, les relations antagonistes existantes mettent les acteurs usagers en compétition. Une compétition dont l'enjeu principal est l'amélioration des conditions de vie. Malgré cette course à la ressource forestière l'implication de l'agent féminine souffrent d'un déficit organisationnel. Ce qui rend disparate l'amélioration des conditions de vie.

1- <u>La compétition entre acteurs usagers</u>

Il faut d'entrée de jeu signaler que la compétition entre les catégories d'acteurs existe à deux niveaux. Soit entre les membres de la communauté et les sociétés forestières ; soit uniquement entre les membres de la communauté.

En effet, la principale compétition vient des exploitants illégaux qui cherchent à livrer dans les marchés la plus grande quantité possible de bois débités en très peu de temps. Ils paient peu de frais. Les autres compétiteurs sont les organisations (en forme de GIC) qui gèrent les forêts communautaires avoisinantes. Il existe donc une concurrence qui s'établit entre elles, car elles partagent les mêmes segments de marché. (Enama et Bodo, 2008).

Le second niveau de concurrence se situe entre le bureau de gestion du GIC COVIMOF et la population. Pour ces derniers, la FC n'a jamais existé, d'où son exploitation illégale par les riverains. Ces derniers contractent dans la mesure du possible avec des clients clandestins et à l'insu des membres de gestion. C'est le *« chacun pour soi »*. D'autre part, chaque membre[65] de FC (le membre étant en principe celui possédant des parcelles d'usages à l'intérieur de la FC) a dans son actif suffisamment de terres lui permettant de répertorier les facteurs de revenus. En plus des récoltes issues des champs vivriers, les arbres situés dans son unité parcellaire constituent pour lui une garantie de survie et par conséquent d'amélioration des conditions de vie, au péril même de la valeur écologique des forêts.

La forêt[66] est donc une source de richesse ou de génération des revenus pour un paysan ; c'est un don de Dieu qui lui permet de vivre. *« C'est grâce à elle, que je gagne beaucoup et cela me permet de payer la scolarité de mes enfants »*. Certains diront *« on n'arrive même pas à tenir les deux bouts »*. Et dans cette lutte contre la pauvreté, si disparate, la gent féminine se positionne au-devant de la scène.

---

[65] Une bonne frange de la population rejette l'idée de la forêt communautaire parce que : elle n'a jamais été associé au processus de création de la FC ; le partage de bénéfices ne jamais fait suivant un consensus convenu ; l'exploitation de la forêt ne s'est focalisée que sur la ressource ligneuse, négligeant les autres ressources de la forêt (les produits forestiers non ligneux par exemple).

[66] Les procédures d'exploitation sont lourdes et complexes, avec plusieurs niveaux de contrôles répressifs et abusifs le log des axes de circuits d'évacuation. La valeur écologique de la forêt ne peut être percute par les communautés pauvres comme celles de la COVIMOF.

(Entretien avec le délégué Départemental des Forêts et de le Faune du Nyong et Nso'o, M. NANKIA Hilarion, 2010)

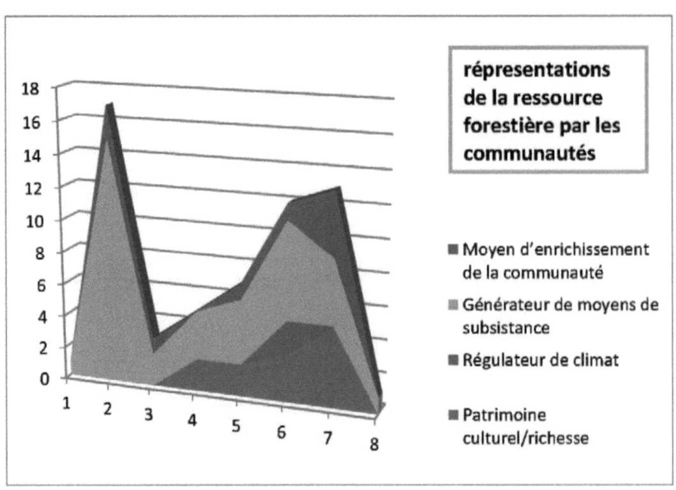

Graphique n°1 : Représentation de la ressource forestière par la communauté COVIMOF.

Source : données des enquêtes de terrain, 2011

La représentation de la forêt GIC COVIMOF par sa communauté est assez diversifiée. La forêt est avant tout un générateur de moyen de subsistance et ensuite un moyen d'enrichissement de la communauté. La fonction régulatrice du climat est quasi inexistante.

2- Les contrastes socioéconomiques dans l'amélioration des conditions de vie : la question du genre dans le développement communautaire.

Les habitants de la COVIMOF sont constitués pour la plupart des planteurs et cultivatrices, avec des statuts matrimoniaux différenciés qui semblent indiquer leurs dépendances à l'égard de la logique extractiviste. Leur niveau d'instruction témoigne dans la totalité la faiblesse des unités sociales constituantes. Ce sont des paysans locaux, membres d'un GIC autre que celui de COVIMOF.

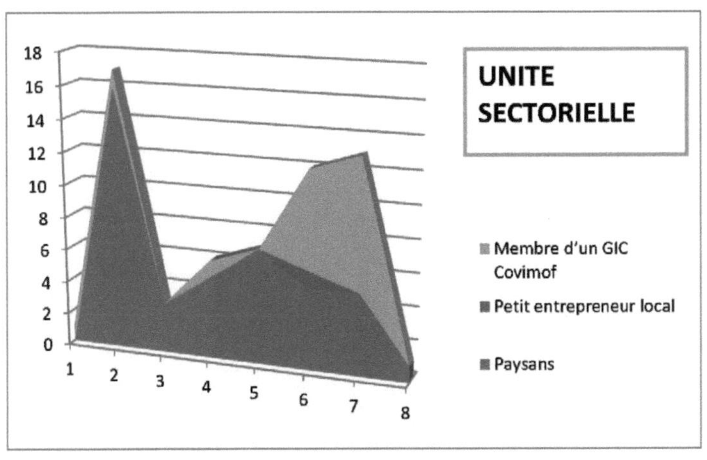

Graphique n°2 : Unité sociale au sein du GIC COVIMOF

Source : données des enquêtes de terrain, 2011

La majorité de la population sont constitué des paysans. Ceux adhérant à la foresterie communautaire (membre du GIC COVIMOF) préfèrent se constituer en petit entrepreneur locales. Les femmes statistiquement majoritaires, mais pratiquement minoritaires dans les prises de décisions agissent uniquement en faveur et pour le compte familial. Véritable intermédiaire dans l'écoulement des produits vivriers entre les sites villageois et la ville. Le contraste ici renvoi au rôle de la femme par rapport à l'homme. C'est à elle qu'incombe la gestion du ménage. Cependant, les femmes ne possèdent aucune influence au comité de gestion de la COVIMOF. Pourtant, elles sont impliquées dans la quasi-totalité des GIC agricoles. Près de quinze au total.

Le niveau d'instruction au sein de la COVIMOF est assez faible. Les populations enquêtées sont du primaire et secondaire premier cycle. La dimension scolaire sera pertinente pour la compréhension de la REDD. La nature virtuelle et non physique et le manque de connaissance des populations rend complexe le commerce du carbone. (PAKA et al, 2010).

Il y'a pas eu suffisamment d'activité de sensibilisation et d'éducation organisées pour les propriétaires vivant dans les villages de la Papouasie Nouvelle Guinée pour que ceux-ci soient informés.

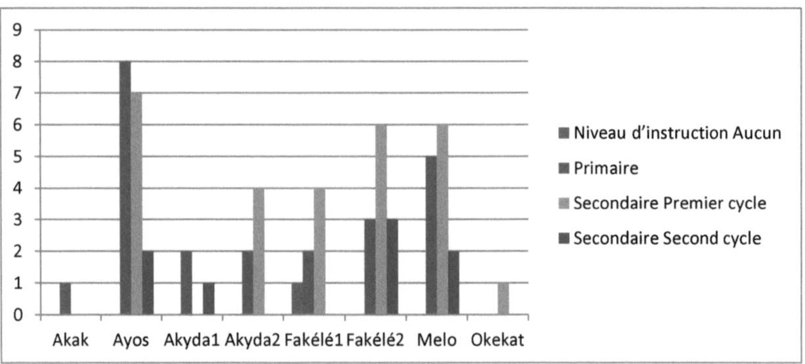

<u>Graphique n°3</u> : niveau d'instruction de l'échantillon enquêtée.

<u>Source</u> : données des enquêtes de terrain, 2011

. Ce problème de compréhension du système REDD est pour MESHACK et al (2010) une question d'équité c'est-à-dire une forme de garantie que les membres de la communauté comprennent la notion de REDD et les Co bénéfices qui en découlent. *« Que les communautés comprennent les problèmes qui surgiront si les paiements sont basé sur la compensation des émissions des pays industrialisés et les bénéfices qui leurs reviendront si les paiements permettent de gérer les forêts communautaires. »*

Dans un contexte COVIMOF, le niveau de scolarisation peut constituer une contrainte à la base de la compréhension du mécanisme REDD et par conséquent une réelle source de non additionnalité.

<u>Tableau n°8</u> : Présentation brève des différents GIC au sein de la COVIMOF.

Village/Hameau	Organisation paysanne	Objet
AKAK-AYOS	**GIC-PAM**	**Agriculture, Pêche et reforestation**
Akomnyada 1	**Néant**	
Akamnyada 2	**Association Obu-Fegue Amvoue**	**Agriculture**
	GIC NKULMAN	**Agriculture**

	GIC Nnem Eding	Agriculture
	GIC SESENGULA	Pêche
Faekélé 1	LIBEDOUANE	Agriculture (bananier)
	GIC CODEFA	Agropastoral
	GIC REFORME	Agropastoral
	GIC ASDEFA	Agropastoral
Faekélé 2	GIC KPWAM et développement	Élevage de Porcs et Agriculture
	GIC AFIDI Nnam	Élevage de Porcs et Agriculture
	GIC PAF	Élevage et Agriculture
MELOMBO	Association KOM-Fegue	Agriculture, tontine
	Association essayons voir	Agriculture, tontine
OKEKAT	Association événement	Agriculture, tontine

<u>Source</u> : plan simple de gestion de la forêt GIC COVIMOF, 2009-2013

Les femmes sont de véritable intermédiaire dans l'écoulement des produits vivriers entre les sites villageois et la ville. Le contraste ici renvoi au rôle de la femme par rapport à l'homme. C'est à elle qu'incombe la gestion du ménage. Cependant, les femmes ne possèdent aucune influence au comité de gestion de la COVIMOF. Pourtant, elles sont impliquées dans la quasi-totalité des GIC agricoles. Près de quinze au total. (Voir tableau N°8)

Ces différentes associations constituent des plates-formes de concertation et de dialogue pour la gente féminine de la COVIMOF de contribuer selon leur perception au développement communautaire. Elles font pour la plupart dans l'agriculture et l'élevage. Sur 15 GIC, 01 envisage des actions de reboisement.

Même si la condition du genre reste encore embryonnaire dans le développement de la foresterie communautaire, il est impératif de se tourner d'abord vers la problématique de l'implication et de la participation des communautés dans la gestion des affaires collectives.

B- <u>La problématique de la participation et de l'implication des communautés dans la gestion de la COVIMOF.</u>

L'implication et la participation des communautés représentent des éléments fondamentaux à l'application du mécanisme REDD+.

1- <u>La participation : de l'individualisme au collectivisme</u>

La gestion des écosystèmes forestiers met en scène plusieurs catégories d'acteurs tant du côté des populations riveraines que du côté des intervenants extérieurs (administrations, exploitants forestiers, ONG etc.…). Après avoir écouté les populations, il faut comme le recommande Duhem (1996), qu'elles soient informées et ensuite convaincues des avantages que la collectivité rurale peut tirer de ce type d'intervention. Il est question de faire prendre conscience, de séduire, de persuader, d'inciter, de susciter, en un mot de sensibiliser.

En effet, le terme gestion participative décrit une situation dans laquelle toutes les parties prenantes intéressées sont associées à un degré important aux activités de gestion (UICN, 2008). De façon pratique, la participation renvoie à l'implication des différentes couches d'acteurs à tous les niveaux de prise de décision. Tel que défini, ce cadre de gestion est imperceptible dans la COVIMOF. *« La FC a été créée en l'absence de tous les villages concernés, il a fallu qu'on porte plainte »*, déclare le chef du village d'Akomnyada 2. A cet égard, faut-il affirmer qu'à cause du grand nombre de villages et des distances qui les séparent, la COVIMOF n'a pas pu tenir compte de l'intégration des autres villages ? Le nombre de villages et la considération des distances n'exonèrent pas le processus participatif, mais le ralentit et l'empêche d'atteindre un rendement escompté. L'observation du mécanisme de consultation révèle à tous les niveaux des carences de participation. Par ailleurs, les divergences perceptibles sur la façon de penser la gestion communautaire peut également intriguer le processus d'implication.

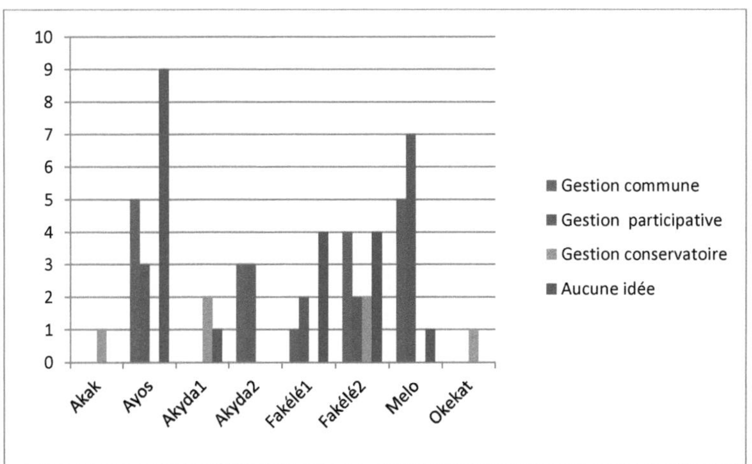

<u>Graphique n°4</u>   **approche communautaire de la gestion collective d'un espace forestier.**

<u>Source :</u>   AGOUM Ghislain, enquête de terrain 2011

Chaque village est représenté par un délégué qui participe aux réunions de gestion. Ces assises se passent loin des villages et en ville dans les structures de la délégation des eaux et forêts de Mbalmayo (voir figure n°4). Les rencontres ne sont pas planifiées, elles sont convoquées uniquement lorsqu'il y a événements. Certains déclarent même ne jamais avoir été consultés au préalable et veulent être impliqués de façon transparente. Cela constitue pour MESHACK et al. (2010) des menaces potentielles à régler pour une réussite du REDD en Tanzanie dans un contexte de foresterie communautaire. « *Il est aisé pour le comité de gestion du village de faire main basse sur les bénéfices de la gestion forestière aux dépens des autres villages. Comme le comité est souvent constitué des membres plus aisés et plus éduqués de la communauté.* »

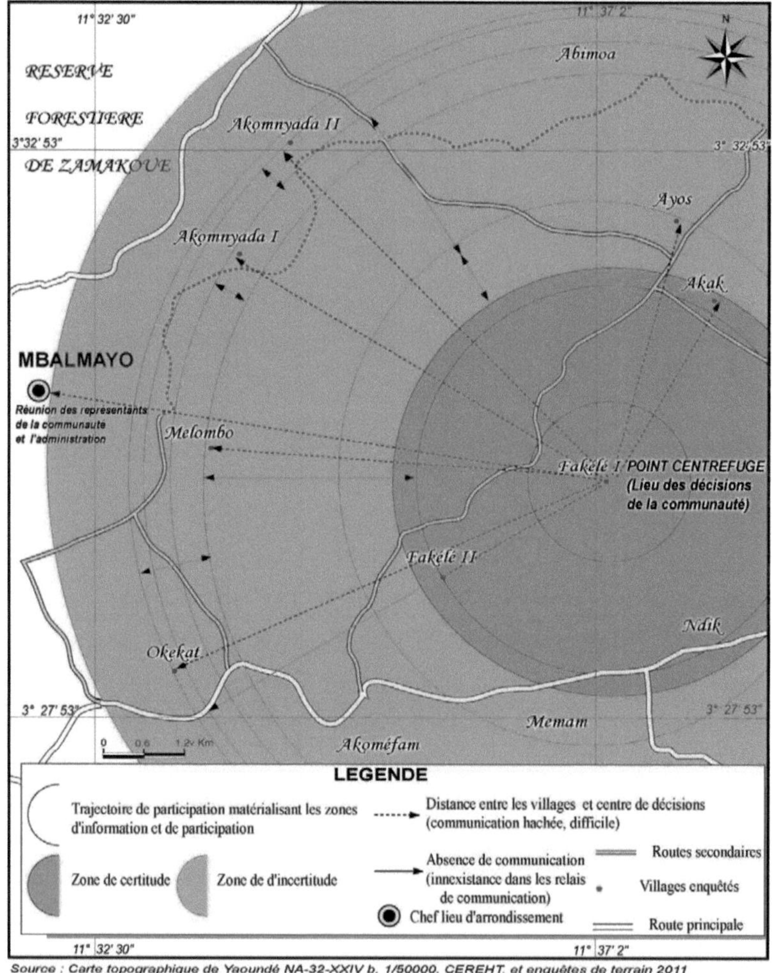

Figure n° 8 : Spatialisation du système d'implication et de participation des communautés affiliées au GIC COVIMOF.

Dans le processus d'implication et de participation, les communautés obéissent à une distribution spatiale. Cette situation constitue une contrainte dans les stratégies de diffusion de l'information. En effet, il existe deux points de rencontre ou « **Born** *news* », lieu de naissance de l'information. Le premier est la délégation départementale des forêts et de la faune (Mbalmayo), où se tiennent les assises entre les représentants de chaque village. Habituellement, nous constatons uniquement la présence du gestionnaire et du président du GIC COVIMOF. Les informations ne sont pas retransmises en retour. Le second est le lieu de décision de la communauté (Faékélé I). C'est le centre de la zone d'incertitude, avec un rayon de diffusion de plus d'un kilomètre. Il englobe les villages Faékélé II et Akak. Au-delà de cette zone de certitude, la participation et l'implication des communautés devient timide. Melombo peut présenter une particularité parce qu'il est le lieu d'habitation du gestionnaire du GIC. Seuls les habitants qui s'intéressent à la COVIMOF peuvent avoir une certaine catégorie d'information. L'information fréquemment sollicitée pour les communautés est la destination des revenus issus de l'exploitation forestière.

2)-Les stratégies d'implication paysanne

A la différence de la participation, l'implication offre aux intervenants la possibilité d'avoir accès aux informations liées à l'exploitation forestière, aux documents administratifs de foresterie communautaire ou à la connaissance d'activités du bureau de gestion, y compris la procédure de partage des bénéfices.

Le plus souvent, les populations ont une connaissance, voire une perception altérée de la notion de gestion de l'espace communautaire (voir graphique n°3). Cependant, elles sont conscientes de l'implication des acteurs externes et ne demandent que la conception d'une base sociale ouverte à tous les intérêts locaux et leur implication à la prise des décisions relatives à l'aménagement forestier. La mise en œuvre du plan simple de gestion a été faite en marge de la plus grande majorité des riverains. Les stratégies de convocation et de sensibilisation ne prennent pas en compte l'individualisation et le niveau d'instruction des bénéficiaires (voir figure n°8).

L'assemblée des membres qui approuve le plan d'aménagement est donc un instrument efficace de recherche de solutions, de compromis généralement acceptés. Par contre, celle effectuée dans la COVIMOF pose problème. Certains membres ayant signé la convention de gestion réfutent aujourd'hui le modèle organisationnel pour la simple raison qu'ils ne sont au courant de « rien ».

A titre d'exemple, le projet de reboisement[67] effectué pour le compte de la COVIMOF, mais dans un seul village (Melombo), à l'intérieur de la parcelle du gestionnaire (14 ha) ne représente pas un fait inaperçu et inquiétant. Ce projet a suscité beaucoup de réserve au sein de la communauté. Nonobstant cette situation, un processus de reboisement doit impliquer toutes les différents groupements et ayants droit, afin que les connaissances en sylviculture soient transmises de façon globale de manière à éviter les insuffisances ou fuites qui pourront produire un paysage environnemental incertain dans la FC.

C-<u>La conséquence environnementale : le sort de la Covimof</u>

La COVIMOF, certes est une forêt communautaire comme toutes les autres, peut-être en matière de superficie (5000ha). La volonté de promouvoir le développement local en conciliant recherche du bien-être par l'exploitation des ressources de l'écosystème forestier et la lutte contre les changements climatiques est théoriquement avérée[68]. Le sort du GIC COVIMOF est lié aux contraintes de gestion.

D'une part, le mode de gestion des revenus ne touche pas les objectifs escomptés. Les réunions se tiennent spontanément, l'information circule difficilement. D'autre part, le règlement intérieur existe mais reste inconnu. Et il n'existe aucun compte rendu collectif auprès de la communauté.

En réponse, la communauté agit sur la ressource. Elle fonctionne en marge de l'organisation communautaire, selon les besoins spécifiquement exprimés (voir photo n°1).

---

[67] Plusieurs formations avaient été faites à l'endroit des communautés dans le cadre de ce projet de reboisement. Le principal problème qui s'est posé était celui du foncier, à savoir sur la terre de qui s'opérera le reboisement ? Le gestionnaire a dû mettre à disposition une portion de ces terres coutumière pour régler provisoirement ce problème. Cette initiative permettait dès lors de planter effectivement des arbres et de valoriser de ce fait le financement disponible. (Entretien avec M. NANKIA Hilarion, 2011).

[68] L'ensemble des opérations à mener, devrait dans tous les cas, se conformer aux normes d'intervention en milieu forestier (technique d'exploitation à faible impact). Spécifiquement, les zones à écologie fragile seront identifiées et un plan de conservation y relatif sera élaboré. L'abattage ne sera pas autorisé sur une distance de 30 mètre de part et d'autre des cours d'eau. Il sera interdit de déboiser les pentes abruptes par soucis d'enclencher l'érosion hydrique. (Plan Simple de Gestion de la forêt communautaire GIC COVIMOF version révisée 2009-2013).

Au-delà du pessimisme qui plane autour du système interne de gestion, les systèmes de propriété et les politiques publiques tentent de remédier à la situation ?

Photo N°6   Etat de la parcelle d'un propriétaire terrien en désaccord avec l'idéologie COVIMOF.

L'agriculture sur brûlis est arme dans l'augmentation individuelle des revenus de la population. Cette photo représente une réponse liée à l'échec du processus de sensibilisation de la forêt communautaire. En filigrane, on observe la forêt faiblement affectée à l'action anthropique (A). Tout juste avant, un champ de banane Plantin(B). A droite, une parcelle laissée en jachère(C). Mais a prévu, c'est espace de brûlis phase préalable à la disposition des terres de cultures (d). Ces différents stades de la biomasse représentent l'évolution du couvert forestier.

<u>CONCLUSION PARTIELLE</u>

La méthodologie REDD+ est une approche holistique de gestion des écosystèmes forestiers. Elle aborde à la fois la gestion durable des forêts, la conservation, l'amélioration de stock de carbone et la réduction d'émissions dues à la déforestation et au déboisement. En effet, l'une des contraintes (exigences) liées à son application réside dans le comportement des acteurs (institutionnels, locaux) à réagir au processus REDD+. De ce comportement dépendra l'additionnalité du projet REDD+. Celui-ci met en compétition plusieurs catégories d'intérêts. Les réductions d'émissions devront normalement produire un changement du couvert forestier. Au cas contraire, il sera question d'assister à un phénomène de non additionnalité.

En effet, Les acteurs de la COVIMOF inter agissent dans un environnement de doute ou de suspicion. Sur cette base, l'espace COVIMOF est-il prédisposé à dégager des sources de non additionnalité ? Dans l'hypothèse que les activités de réduction des émissions seront retardées par les menaces socioculturelles et institutionnelles identifiées dans le système de gestion du GIC COVIMOF. Dans le but de démontrer que les faiblesses de gestion du GIC sont de nature à provoquer les risques de non additionnalité d'un futur projet REDD+, la méthodologie employée a été le traitement des données recueillies sur le terrain pendant la phase d'enquête par questionnaire et par interview.

Les analyses ont tous convergé vers une situation assez alarmante du système de gestion. C'est un système de gestion qui fait recours au modèle de gouvernance local. Autant le modèle de gouvernance est faible, autant se présente en aval les menaces sensées exposer tout projet dans une situation de non additionnalité ou tout au plus d'augmentation des émissions de carbone.

CHAPITRE : III SYSTEME DE PROPRIETE, POLITIQUES PUBLIQUES ET JUSTIFICATION DU COMPORTEMENT DES PARTIES PRENANTES DANS LA GESTION DU GIC COVIMOF : TENDANCES DANS LA   MAITRISE DES RISQUES DE FUITES DES ACTIVITES REDD+

Les problèmes de fuites sont dans la plupart des cas liés au déplacement des activités d'une zone à projet A vers des zones autres que A. Dans une approche mixte d'application de la REDD,   la phase nationale est pour beaucoup de gestionnaire forestier une anticipation aux phénomènes de fuite dans la mesure où les plans REDD doivent être nationaux.

En effet, ce chapitre entend mettre en relief le volet national de l'approché combinée. Au moment où les projets seront effectués en aval, les mesures et politiques doivent être analysées. D'une part, le mécanisme REDD+ entend œuvrer dans un contexte de clarification des droits de propriété. Cette clarification passe par un aperçu du droit foncier et l'analyse du processus politique de planification de l'utilisation des sols. Ce sont des facteurs qui peuvent contribuer à la mobilité de la main d'œuvre et du capital. D'autre part, Les pays doivent élaborer des politiques, mesures et programmes visant à garantir la gestion durable des forêts. Ce processus dépend du soutien politique par le gouvernement et les parties prenantes, mais aussi de l'identification des causes politiques du déboisement et de la dégradation à l'intérieur et l'extérieur du secteur forestier. Dans ce partie de l'étude,   la réflexion est tourné autour d'une question fondamentale : quelles sont les politiques et mesures qui encadrent les actions des parties prenantes dans la gestion de la COVIMOF et peuvent contribuer aux risques de fuites ? Cette interrogation permettra de déterminer les lacunes des politiques et mesures et les systèmes d'appropriations dont la mise en œuvre génère les fuites.

Pour entreprendre cette analyse, nous admettons que le cadre politique et institutionnel qui sous-tend l'accès des parties prenantes est de nature à provoquer les phénomènes de fuites lors de la mise en œuvre du mécanisme REDD+. Dans le but d'obtenir des résultats, il sera question d'analyser les politiques du secteur forestier et les politiques hors secteur forestier. Mais nous avons débuté par les politiques d'appropriation de la ressource communautaire à travers les systèmes fonciers en cours dans la COVIMOF. L'objectif étant d'offrir auprès des décideurs les effets d'un système d'appropriation actuelle et l'impact des politiques de développement en milieu forestier pour une réduction des fuites en vue de l'application du futur mécanisme REDD+.

De prime à bord, « *en matière de gestion et d'usage des ressources forestières, une opinion couramment rependue dans le monde scientifique, mais aussi politique oppose habituellement les régimes collectifs "traditionnels" aux systèmes de propriété individuelle "moderne"* ». (**Michon G. et Al, 2002**). Au contraire, dans le cadre de notre étude, cette dichotomie n'est pas prouvée. Devant une rigidité des politiques publiques qui rend opaque les mécanismes d'appropriation du foncier sylvicole, les systèmes de propriété en cours, surtout ceux érigés dans une logique de foresterie communautaire, confèrent timidement aux ruraux des formes juridiques de garantie sur la possession du foncier sylvicole. Il s'en suit un déplacement des activités de production.

I – <u>Les systèmes de propriété en cours : le paradoxe du GIC COVIMOF</u>

Dans l'espace forestier en question, les systèmes de propriété ou d'appropriation sont perçus dans le prisme non seulement des régimes collectifs dits régimes modernes, mais également militent et reposent sur une gestion traditionnelle des terres par le biais de la propriété individuelle ou traditionnelle implicitement codifiée. Cet imbroglio juridique influe la gestion du foncier sylvicole et la planification de l'utilisation des sols.

A -<u>Coexistence du système moderne et du système coutumier</u>

A.1 <u>En amont, les considérations politiques et étatiques.</u>

Dans l'ancien Etat fédéré du Cameroun oriental (Français), la législation forestière était basée sur le système français[69]. Cela signifie que toutes les terres vacantes et sans maîtres étaient d'office considérées comme inaptes à la propriété privée, donc propriété

---

[69] En 1900, les ressources naturelles étaient régies par la loi de la personne. C'est-à-dire le code de la famille. Les chefs de village étaient les principaux administrateurs de la gestion des ressources. Dès la venue des premiers administrateurs coloniaux, les ressources naturelles qui appartenaient au peuple sont devenues la propriété de la première administration. Mengang, non daté, *l'évolution de la politique des ressources naturelles au Cameroun*, région du fleuve sangha, YALES F&ES BULLETIN N ° 102. Pages 260-270.

de l'Etat. Pourtant dans l'autre partie du pays (Cameroun occidental), les terres appartenaient de droit aux populations indigènes. Toutefois, certaines parties des terres pouvaient être administrées avec gestion autonome à des collectivités (Native Authority Forest reserves). Sans nier ni se détourner du rôle des textes antérieurs[70] qui ont plus ou moins coloré l'évolution de la législation forestière camerounaise, il a fallu attendre la loi 94/01 pour alléger la lourde démarcation forêt-agriculture.

En effet, la pratique qui consiste à distinguer la forêt (comme espace spécifique) de l'espace agricole et à confiner sa gestion à un corps d'Etat est le fruit d'un mimétisme occidental étroit (**Nguinguiri, 1998**). Cette forme gestion de l'espace forestier à l'occidentale a surtout révélé son caractère inopérant lorsque l'administration a vu baisser sa capacité de répression par faute de moyen. Dans cette perspective, les écosystèmes forestiers sont laissés de fait, en accès libre (**Temgoua, 2007**).

L'échec des politiques dirigistes a induit l'élaboration des nouveaux cadres conceptuels axés sur la recherche d'une sécurité des droits fonciers forestiers et par conséquent la limitation de la dégradation des forêts. Le zonage en domaine permanent et non permanent avec un certain démembrement du domaine national par la création des forêts communautaires a encouragé les communautés rurales à prendre part à la gestion et à l'exploitation des forêts dans le cadre d'une structure de gestion participative. Cependant, là où les terres ont été appréhendées comme vacantes et sans maîtres, sont précisément des espaces où vivent depuis de longues dates des populations forestières. Elles vivent au rythme des pratiques purement traditionnelles de gestion de l'espace, loin du modèle de la spécialisation et de l'exclusion conçus par l'administration.

A.2 **En aval, les rivalités villageoises.**

L'espace domanial, le soit disant vacant et sans maître a longtemps renfermé des populations locales. Ceux-ci ont fait des forêts leur patrimoine, leur source de richesse ou leur moyen de génération des revenus. *« Le trait dominant est la polyvalence des espaces qui correspondent à des activités, aux exigences de sécurité*

---

alimentaire et à la sécurité sociale qui est le véritable garant de l'échange » **(Pélissier, (1995) in Karsenty, 2009)**.

En effet, le GIC COVIMOF était un lieu d'exploitation forestière anarchique. Les entreprises à l'instar de PK (Pascal Kouri) y ont pu extraire d'énormes volumes de bois débités. Malgré la redevance versée aux populations riveraines à hauteur de 100 francs par mètre cube du fait des nombreux conflits entre elles et l'Etat. On a assisté de plus en plus à des revendications villageoises pour un partage réel des retombées de l'exploitation forestière et à une reconnaissance formelle de leur droit. A priori, l'enjeu dans ce cas d'espèce est celui non de la substitution, mais de la surimposition de la notion de forêt communautaire sur celle de la souveraineté pleine et entière que brandissent les populations. Celles enquêtées ont toutes une vision de la gestion d'un espace commun sensé réaffirmé le décollage du processus associatif. *« C'est la terre de nos ancêtres »*, un leitmotiv assez courant dont se servent les ruraux pour justifier les droits traditionnels sur la ressource. Ils sont guidés par un esprit coutumier de défense ancestrale qui constitue un véritable bouclier au positionnement de l'Etat comme propriétaire absolue des arbres. Il s'en suit alors une pression accrue des différents groupes d'usagers sur la ressource.

B <u>L'imposition du régime collectif moderne à un individualisme traditionnel : l'exercice de la primauté du droit moderne</u>.

Les terres sont pour l'Etat camerounais un instrument indispensable pour promouvoir le développement économique et social de la nation. C'est donc fort de cette mission qu'il a divisé les terres en plusieurs domaines. Le domaine de l'Etat (domaine privé et domaine publique) et le domaine national. Les forêts du domaine national comme le GIC COVIMOF ont pour assise foncière le domaine national. Il est constitué des terres ne faisant l'objet d'aucun classement.

En effet, les terres dont les occupants avaient des certificats of occupency qui n'ont pas été transformés en titre foncier pendant les délais de 10 et 15 ans à compter du 05 Août 1974 tombent dans le domaine national. Par ailleurs, les terres sur lesquelles leurs occupants avaient pour preuve leur droit de propriété, un jugement définitif qui les constituait propriétaires tombent également dans le domaine national si ces propriétaires n'ont pas transformé leur jugement en titre foncier dans les délais de 10 et 15 ans à compter du 05 août 1974. Toutefois, aucune de ces formes d'appropriation n'exonère la COVIMOF de l'hégémonie du droit moderne. En d'autres termes, bien que faisant partie des espaces occupés et exploités, la FC est constituée des terres non immatriculées sur lesquelles sont installés des particuliers ou des collectivités coutumières. Ce sont des espaces d'habitations, de plantations, pâturages, de parcourts, dont l'occupation se traduit par l'emprise effective et évidente de l'homme et une mise en valeur probante. Tant que ces terres demeurent non immatriculées par leurs occupants ou exploitants, elles font partie intégrante du domaine national. C'est là toute l'économie du **décret N° 76/166 du 27 avril 1976** fixant les modalités de gestion du domaine national.

En effet, depuis la réforme de 1994, les espaces se sont spécialisés. La nouvelle législation accorde une place importante à la privatisation collective du domaine national, qui pour **karsenty (2010)** reste une anticipation, une présomption qui permet d'appliquer, tant bien que mal le régime forestier (qui est un régime de police visant à restreindre les droits d'usage pour la conversion des forêts) et permet de faire fonctionner le système d'attribution des permis d'exploitation et des concessions forestières.

B.1-L'autorisation de gestion : l'implication contractuelle des communautés dans la gestion des ressources forestières

Entre gestion de fait (avant 1994) et gestion de droit (dès 1994), le mouvement de création des forêts communautaires (privatisation collective) est perçu par certains auteurs à l'instar de **karsenty** (1995) comme un partage du territoire entre administration forestière et ruraux et non comme une simple « autorisation de gestion ». C'est un transfert de gestion inadapté aux exigences de décentralisation en cours.

Selon le décret N°-95-53-PM du 23 août 1995, fixant les modalités d'application du régime forestier, une forêt communautaire est une forêt du domaine forestier non permanent, faisant l'objet d'un contrat par lequel l'administration chargée des forêts confie à une communauté une portion de forêt du domaine national en vue de sa gestion, de sa conservation et de son exploitation pour l'intérêt de cette communauté. La notion de communauté ici renvoie dans un contexte de concurrence de lignées (10 au sein de la COVIMOF). C'est une difficile association de familles qui essayent de tirer individuellement et collectivement des bénéfices à consommation directe de l'accès et de l'usage de la ressource.

Au sein de la COVIMOF, il est difficile, pour ne pas dire impossible d'importer la notion de communauté vue par l'occident, c'est-à-dire depuis la venue d'un développement local qui a mis en triomphe les grands enjeux d'un « localisme » et de ce qu'il peut apporter dans un contexte de décentralisation et de participation. Le communautarisme africain est plus caractérisé par l'absence de référence à un champ public (champ de nature politique), plutôt que par l'absence d'individualisme. En effet, cet individualisme africain n'est pas de même nature que celui de l'occident, qui est marqué par une logique contractuelle. Il s'accompagne d'un renvoi à des statuts sociaux et politiques qui fondent des obligations spécifiques pour les individus, mais il est également caractéristique de comportements stratégiques africains (**Karsenty, 2008**).

Les populations de la COVIMOF pensent que la FC a été créé dans une vision de partage de la rente forestière et d'atomisation des intérêts collectifs dont l'absence des réalisations d'œuvres sociales reste encore d'actualité.

Entre difficultés internes de gestion liées aux réalités locales et comportements étatiques face à l'exploitation forestière, s'est imbriquée aux fils des ans une course à la rente forestière. L'absence des retombées économiques pousse ceux en marge du processus à développer des stratégies pour y accéder. La contractualisation de la gestion du domaine national a fait fi de la recomposition sociologique des villages. Le cas de la COVIMOF est assez singulier. Dans la plupart des villages, les jeunes se sont désintéressés de l'activité forestière légale. Ceux qui y sont volontairement rencontrent parfois des difficultés d'organisations salariales, du fait des obligations non exécutées ou remplies partiellement par certains partenaires économiques. La population active qui y demeure, pour la majorité se focalise sur les activités agricoles, caractéristique de l'héritage manifeste laissé par les alleux. Dès lors, l'idée qui suffirait de transférer localement les responsabilités de la gestion sans se soucier des représentations, des dynamiques sociales et du processus d'apprentissage collectif, pour renouer avec des pratiques durables sonne d'après **Karsenty** (2005) comme une aporie dans les régions des forêts denses humides où les droits coutumiers sont timidement reconnus.

B.2 Le perpétuel combat de reconnaissance des systèmes coutumiers : l'ambigüité de la sécurité foncière forestière des terres communautaires.

Les terres faisant partie du domaine national comme la COVIMOF, ont été il y a des lustres occupées et exploitées. Ils apparaissent aujourd'hui sous des formes de vieilles jachères, d'espaces ouverts ou de diminution d'espèces/essences (Sapelli et Moabi par exemple). En effet, il existe toute une histoire des populations de la COVIMOF qui justifie leur présence sur leurs terres, socles des assises identitaires. Cependant, ces réalités sociolinguistiques et anthropologiques ne sont pas connues. Faute d'être sous-estimées, elles ne génèrent point les facteurs d'organisations internes nécessaires à l'élaboration des préférences collectives.

Principalement, la REDD+ est un mécanisme d'exception, qui soumet aux populations de la COVIMOF une faculté d'arrimage entre préférences collectives et intérêts globaux. Etant donné que les préférences collectives sont des arrangements communautaires conçus par les populations afin de les converger vers un chemin de développement local apte à répondre aux stratégies d'atténuation des changements climatiques par les forêts, il importe de tenir compte du facteur culturel. Il en va de même de leur historicité, avec une très grande tendance à la clarification des droits de propriété traditionnelle.

C- Refus historique et paradoxe juridique : naissance d'incertitude sur le réel statut foncier de la COVIMOF

Le REDD+ est assez clair lorsqu'il porte son inquiétude sur un type de droit de propriété forestier dans un espace communautaire bien défini. A la question de savoir à qui appartiennent les arbres de la COVIMOF ? Ou qui peut être propriétaire du carbone forestier dans la COVIMOF, les réponses sont assez contradictoires et reflètent les clivages historiques et juridiques qui persistent. Pourtant, en matière de déforestation évitée, la clarification des droits fonciers sylvicoles est de mise. *« Si reconnaître une tenure communautaire sur les forêts peut jouer positivement sur la séquestration du carbone, l'absence de droits fonciers peut donc avoir un effet négatif sur le couvert forestier. Des droits incertains, peu clairs et mal reconnus peuvent générer des conflits et de la déforestation, en incitant leur exploitation à court terme »* (**Hatcher, 2007**).

C.1 <u>Le refus historique : les stigmates d'un no man's land étatique controversé</u>.

Toute idée de projet entrepris dans la COVIMOF et touchant à l'exercice des droits fonciers coutumiers est pour la plupart du temps perçue par le paysan comme un signe de non reconnaissance, voire de refus historique donc se prévalent les protecteurs des coutumes. Réconforter les populations de la FC de leur adhésion à la chose communautaire en gommant les stigmates causés par l'administration influe toujours sur les modes de gestion villageoise de l'espace. Les parcelles individuelles de la zone d'étude (issues du droit coutumier) comme la propriété communautaire, incitent les détenteurs des ressources à les entretenir, à investir pour assurer leur qualité et à les aménager de façon durable.

Toutefois, contrairement aux parcelles individuelles, la propriété communautaire permet de poursuivre l'exploitation limitée d'un système de ressource menacé ou vulnérable, tout en résolvant les problèmes de surveillance et d'application posés par la nécessité de restreindre l'utilisation (**Ostrom et al, 1995**). Dans le GIC, les individus détiennent des grandes parcelles qui n'appartiennent pas aux différents villages composant la FC. Certains ont plus de préférence à céder à titre pécuniaire dérisoire de grandes superficies aux acquéreurs désirant posséder des terres de plantations d'une superficie de 25 à 40 hectares. Il serait tout à fait légitime de s'inquiéter de l'étendue même de ces droits historiques. La COVIMOF n'a pas de titre foncier. C'est un espace sujet à des formes anciennes de morcellement qui remettent en cause son réel statut juridique.

C.2 <u>Le paradoxe juridique : l'imbroglio du statut foncier du GIC COVIMOF</u>

Face aux logiques d'exploitation illégale des forêts, de corruption, de conflits récurrents dans les zones occupées et exploitées, l'Etat camerounais a entrepris une série de réformes, prémices à une dynamique sociale et participative des populations à la gestion et à la conservation des écosystèmes forestiers. Par cette volonté politique affichée, il est indéniable que les changements notoires ont été observés, notamment la création d'une centaine de forêts communautaires qui obéissent aux mêmes lois et mesures.

<u>Tableau n°9</u> : Evolution de l'exploitation des forêts communautaires au Cameroun

	2006	2007	2008	2009	2010	2011
Convention de gestion définitive signée	85	135	159	164	182	209
Convention provisoire				10	35	90
Certificat annuel d'exploitation	21	51	64	74	143	141
Pourcentage						
Volumes autorisés(en m3)			57 000	*73489,927*	139567	146579,1
Volumes exploités (en m3)			11 887	*9672,343*	16412	

Source : Statistique MINFOF, 2011

Depuis 2006, les conventions de gestion définitive sont en nette augmentation. Elles vont de 85 conventions à 209. Ce manifeste la volonté des communautés à s'impliquer dans la gestion des écosystèmes forestiers. L'octroi de 141 certificats annuels d'exploitation en 2011 par l'Etat contre 21 en 2006 avec une progression des volumes autorisées qui va jusqu'à 146579,1 mètre cube constitue un signal fort des futurs problèmes fonciers qui pourront en résulter.

Tableau n°10 : Evolution de la demande des forêts communautaires au Cameroun

Nombre de demandes cumulées des FC introduites	**490**
Nombre cumulé des PSG approuvés	**299**
Nombre cumulé de forêts sous convention définitive	**209**
Nombre de forêts en attente de signature de conventions définitives	**90**
Nombre total de conventions provisoires de gestion	**90**
Superficie totale des FC demandées (ha)	**1 529 293,144**

<u>Source</u> : Statistique MINFOF, 2011

Mais malgré cette avancée (loi de 1994 et son décret d'application, manuel de procédure de création des FC), force est de constater aujourd'hui que le rythme de dégradation et de déforestation des ressources forestières fortement décrié depuis une décennie a tendance à s'accroître. La FAO en 1997 chiffrait le rythme de déforestation à 0.6%. Le même organisme le chiffrait à 1.5% en 2007.

En effet, notre présent travail sur certaines des causes profondes de la déforestation entretien des constats plutôt alarmant. Il a conduit à affirmer que la loi précitée contient des vides juridiques à travers le silence observé dans

Cela constitue une contrainte de fond à l'application de la REDD+. Donc insuffisamment incitative à la protection et à la régénération forestière des zones voisines hors projets.

Le droit foncier camerounais distingue trois catégories de domaines, en fonction de leur régime juridique : le domaine des particuliers, le domaine de l'Etat et le Domaine national. Ces différentes catégories de domaines servent d'assises foncières aux différents types de forêts créés par la loi N°94/01. À l'exception des forêts communautaires, qui au regard de cette loi, semblent ne pas être liées à un régime foncier spécifique. Contrairement aux autres catégories de forêts, la création des FC ne donne pas lieu à une emprise foncière claire. Le législateur a seulement voulu créer sur cette catégorie de forêt un droit d'usage et de jouissance au profit des communautés concernées (art 37 de la loi N°94/01 et art 27 du décret N°95/531). En effet, la COVIMOF se situe dans le domaine national, son statut juridique est celui du domaine national, relevant des ordonnances de 1974.

Cependant, dans un contexte de REDD+, les communautés villageoises concernées, avec l'assistance de l'Etat gardien et administrateur du domaine national peuvent-elles prendre en charge uniquement la gestion des ressources de la COVIMOF, sans pour autant bénéficier des droits attachés à son assise foncière comme le droit carbone ? C'est là toute l'ambigüité d'une rigueur juridique étonnante. Les plans simples de gestions ont une durée de 25ans pendant laquelle les droits coutumiers sont considérés comme les droits d'usage. Hors la plupart des projets REDD+ ont une période d'activité supérieure à 25 ans.

Tableau 11 : Cadre juridique des forêts au Cameroun issu de la loi du 20 Janvier 1994

Vocation Issue des objectifs d'aménagement du territoire définis dans le plan de zonage de 1995	Domaine forestier permanent (Les forêts permanents : forêts classées ou, en attente de classement)		Domaine forestier non permanent (Les forêts non permanents situées sur le domaine forestier non permanent, dénommé « bande agro-forestière » dans le plan de zonage de 1995)	
Dénomination administrative	**FORETS DOMANIALES**	**FORETS COMMUNALES**	**FORETS COMMUNAUTAIRES**	**AUTRES FORETS**
Statut juridique	(domaine privé de l'Etat)	(domaine privé des communes)	(démembrement du domaine national)	(forêts du domaine national, forêts des particuliers)

Affectations	Parcs nationaux, réserves de faune, zones d'intérêts cynégétiques, sanctuaires, jardins zoologiques, forêts de production, etc.	Forêts de production, forêts de protection etc.	**Définies par une convention de gestion d'une durée de 25 ans entre la communauté et l'Etat.**	Espaces affectés (forêts privés) ou en attente d'affectation (immatriculation au profit de particuliers ou des communautés.

<u>Source</u> : Karsenty Alain : Comparaison des législations et des réglementations dans les six pays forestiers d'Afrique centrale, Montpellier, CIRAD, 2006, p.2.

De prime à bord, la convention de gestion signée entre les communautés et l'administration forestière transfert la gestion et non la pleine propriété. Or, les pouvoirs du propriétaire en matière de droit de propriété sont de façon connexe exercés par les populations (voir tableau). Il apparaît donc une insécurité foncière réelle qui ne permet pas un engagement des concernés aux actions de long terme telles que le reboisement mais influe sur la planification de l'utilisation des sols. Les pouvoirs du propriétaire ne lui confèrent aucune possibilité de transaction. Sauf la latitude d'en percevoir les fruits. Le pouvoir coutumier s'active en marge des droits accordés par l'exploitation en régie.

Cependant, après un quart de siècle (expiration de la convention de gestion) que deviendront les droits coutumiers ?

<u>Tableau n°12</u> **Pouvoirs du propriétaire en matière de droit de propriété.**

POUVOIRS	DROIT DE PROPRIETE TRANSFERE	EFFETS
GESTION PAR CONVENTION DE GESTION OU PLAN SIMPLE DE GESTION	**DROIT DE PROPRIETE TEMPORAIRE en l'occurrence l'usufruit et la jouissance**	**AUCUNE POSSIBILITE DE TRANSACTION (Absence du droit de céder les terres) -Exploitation par régie**
Perception des fruits, possibilités de transaction	**Droit d'usufruit et droit d'usage**	**Jouissance des fruits perçus par la vente des PFL et des PFNL**

Pouvoir coutumier, culturel	Droit de hache, Droit d'héritage Droit successoraux	Matérialisation et défenses traditionnelles de l'espace coutumier villageois. Préservation des acquis familiaux

Source : Agoum Ghislain, 201

La convention de gestion accordée aux populations leur confère un pouvoir circonscrit dans la gestion et l'exploitation. Le pouvoir d'user et d'en percevoir les fruits sans pour autant en abuser se trouve en compétition avec le pouvoir coutumier. Celui-ci met en relief la triple dimension culturelle, coutumière et familiale de l'espace forestier COVIMOF.

II – Les modes de planification de l'utilisation du sol et conséquence sur un modèle d'appropriation des terres communautaires axé sur la Redd+.

L'application de la REDD+ permet de mettre en relief la planification de l'utilisation des sols forestiers. Cette dernière constitue une forme de découpage et d'évolution de la biomasse toute entière. En effet la modification du couvert végétal rythme autour des modes de planification de l'utilisation de l'espace hétérogènes. Ces espaces concourent à des besoins divergeant liés à l'agriculture et à l'exploitation forestière. Les formes de planification de l'utilisation du couvert végétal renvoient indirectement à une tenure foncière qui prédispose difficilement la COVIMOF à s'impliquer dans les activités REDD+.

A- Les procédés de planification de l'utilisation des sols forestiers du GIC COVIMOF.

Au-delà de la formule paysanne qui témoigne du principal rôle des forêts auprès des communautés villageoises, la règle étatique reflète la logique de la spécificité dans le cadre de l'aménagement du territoire en milieu forestier.

A.1 La formule paysanne : abattage-brûlis-cultures-jachères.

Les populations de la COVIMOF, comme tous les habitants de la forêt développent un mode de planification des sols qu'on peut taxer de formule paysanne ; doté d'un cycle graduel (long ou court) selon la qualité du couvert végétal et la densité du peuplement. C'est cette formule qui permet au sol forestier de suivre un processus itératif de conversion qui débouche soit à une déforestation, ou une diminution du stock de carbone forestier.

- **L'abattage** : c'est la première action ou geste pionnier de conversion forestière qui, tout en exprimant le droit de hache du propriétaire de la parcelle, attribut à ce dernier une garantie alimentaire et économique nécessaire à l'amélioration des conditions de vie. Elle constitue la destruction de la biomasse ligneuse et non ligneuse d'une parcelle boisée et fait traditionnellement appel aux instruments tels que les scies à moteur. L'usage des coupe-coupe est préservé pour le couvert végétal de petite taille.

- **Le brûlis :** (ou feu de brousse) ou plus connu sous le nom de facilité de labour est la phase du cycle qui permet de préparer le sol à accueillir les futurs semences. L'ensemble du couvert forestier coupé et laissé quelques temps pour déshydratation sont consumés par le feu. Ce sont ces cendres et débris qui procureront à la terre des éléments nutritifs à courte durée.

Cultures-jachères : cultures vivrières ou de rentes, elles constituent le nouveau paysage agro-forestier né du changement d'affectation des terres. Les premiers forment l'ensemble de plusieurs récoltes d'une saison à l'autre j'jusqu'à la moins fructueuse, résultant d'un affaiblissement des potentialités nutritionnelles du sol. Après épuisement des fertilisants naturels, une nouvelle forme de couvert végétal colonise le sol et matérialise son infertilité. Ce sont des espaces dénudés ou dégradés appelé jachères. Vielles ou jeunes, elles font successivement naitre « des poches de déforestation » à chaque phase terminale du cycle de la formule paysanne. (voir figure). Cependant, ce type de planification des sols cohabite, dans un contexte d'aménagement du territoire ou de développement local avec les règles étatiques de planification.

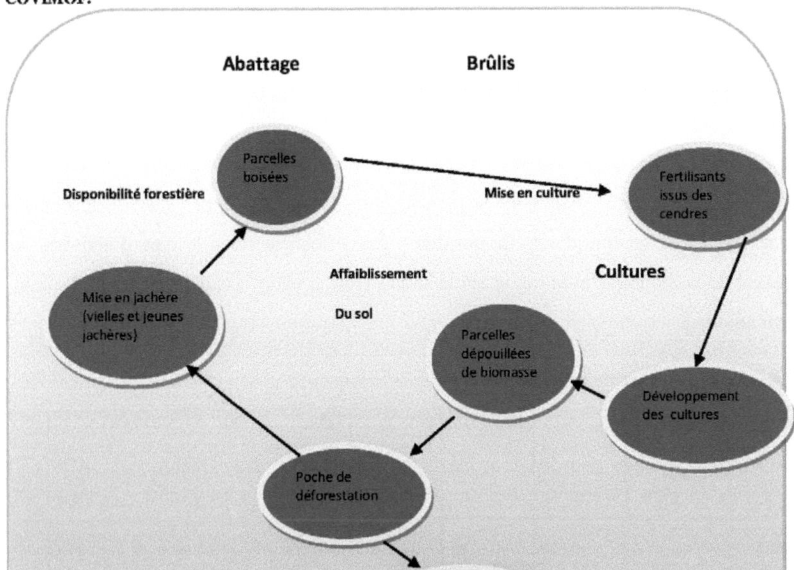

<u>Source</u> : AGOUM Ghislain (2011)

En effet, tout au long du processus de planification, aucune activité individuelle ou collective de reboisement n'est effectuée. Néanmoins, les initiatives de sylvicultures sont toutes inscrites théoriquement dans les plans des opérations par secteur au sein de la forêt communautaire. Par ailleurs, à l'intérieur d'une jachère, seuls les arbres fruitiers présents démontrent des initiatives de reboisement à caractère directement économique. C'est un dynamisme collectif, levier de la lutte contre la pauvreté et l'amélioration du pouvoir d'achat des villageois. Une logique économique épousant ainsi les stratégies modernes de gestion de l'espace communautaire.

<u>**A.2 Le model étatique d'organisation du l'espace communautaire : la règle de la
spécialisation de l'espace. (voir annexe2)**</u>

Dans un contexte de décentralisation et de nouveaux équilibres de pouvoirs, sous la pression des organismes internationaux, les tentatives de rationalisation des régimes jugés trop centralistes vont simultanément être l'occasion d'une confrontation entre fraction de l'Etat et collectivités locales (Karsenty, 1995). Avec le nouveau code forestier de 1994, la gestion des espaces forestiers par les communautés est assujettie d'un plan simple de gestion où la planification est organisée par secteur spécialisé, matérialisant la gamme d'activité qui doit y être effectuée selon le type d'activités, la qualité de la biomasse et la topographie/strates (relief, cours d'eau, occupation spatiale, voir annexe).

<u>Tableau 13</u> : **Répartition spatiale de la FC**

strate	SA	SB	SC	SD	SE	TOTAL
DHS	50	275	225	160	291	1001
SA	300	470	491	266	401	1928
MIT	75	65	50	45	44	279
MIP	13,5	22	19	12	18	84,5
Jachère	356	188	235	220	162	1161
CU	145,5	70	75	60	56	406,5
cacaoyère	60	10	5	45	20	140
Sup/secteur	**1000**	**1100**	**1100**	**808**	**992**	**5000**
Superficie Exploitable	425	810	766	471	736	3208
Possibilité annuelle	85	162	153,2	94,2	147,2	128,32
Pourcentage exploitable	42,50%	73,63%	69,63%	58,29%	74,19%	63,65%

MIT : Forêt marécageuse inondée temporairement   **MIP** : Forêt marécageuse inondable en permanence, **DHS** : Forêt dense humide sempervirente, **SA** : Forêt secondaire adulte, **CU** : Culture vivrière <u>**source**</u> : **PSG, 2009-2013.**

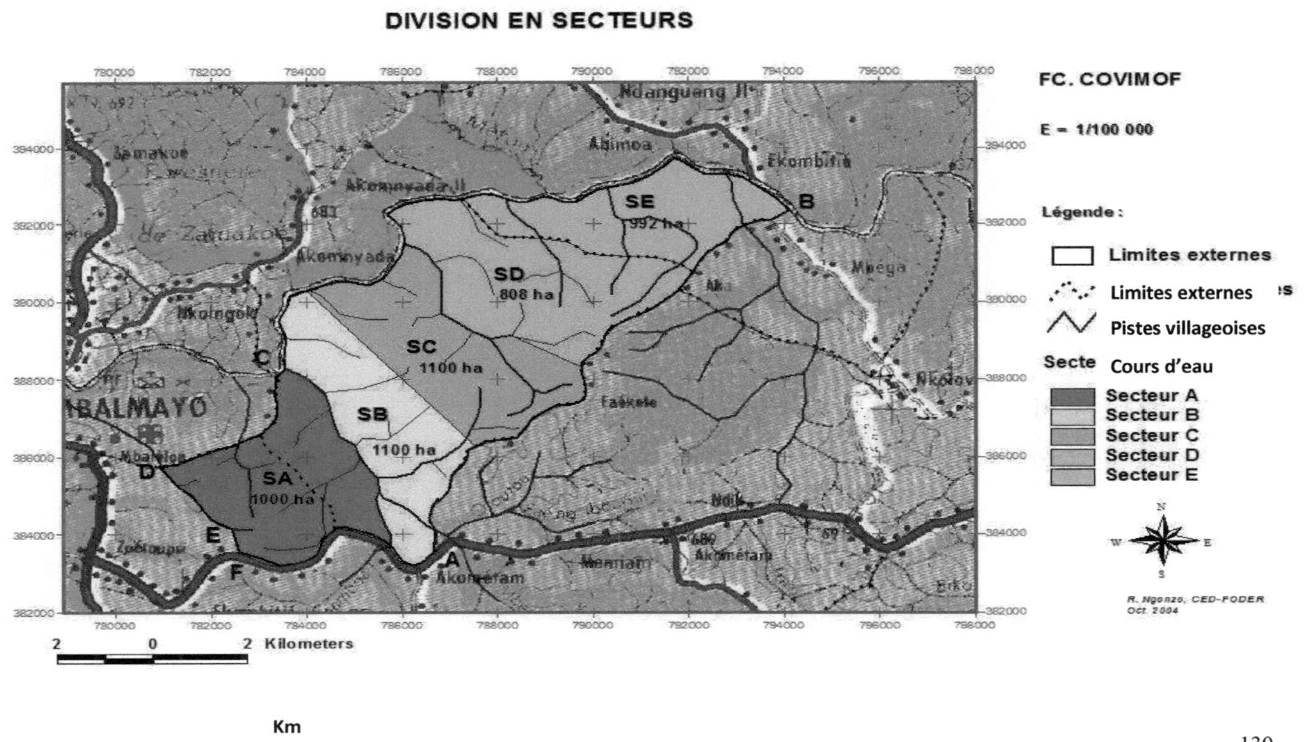

DIVISION EN SECTEURS

Km

Carte N°4 : Représentation spatiale de la division en secteur de l'espace forestier COVIMOF

En effet, la Covimof est divisée en cinq secteurs (A, B, C, D, E) composés tous de ressources ligneuses (Fraké, Bilinga, Padouk par ex.), non ligneuses (Essang, Essok, Rotin par ex.) et fauniques (Singe, Céphalophe, Vipère par ex.) qui forment un mosaïque spatiale culture-jachère-cacaoyère. Ces secteurs sont destinés à des usages tels que l'agriculture durable sylviculture/apiculture, récolte des PFNL, de bois de chauffe, conservation, pêche de subsistance, chasse de subsistance, cueillette et écotourisme.(voir tableau ci-dessous). Cette sectorisation de l'espace selon le relief (terrain accessible, pentes légères et moyenne, vallées ouvertes) rend opératoire une certaine spécialisation des parcelles. Elle inclut de façon autorisée, l'exploitation forestière (en régie). De plus, l'Etat recommande une planification du mode d'utilisation des terres renouvelables après cinq ans. Les objectifs de cette spécialisation sont clairement assignés pour chaque portion de l'espace, soit la maximisation de la production de la biomasse ligneuse, soit des produits agricoles. L'essentiel est d'offrir des opportunités inédites d'enrichissement aux populations locales.

Donc, cette forme imbriquée de planification des modes de changement d'affectation des terres de la Covimof produit dans la pratique une étonnante réalité qui peut mettre en péril l'aspect conservation et gestion durable de la REDD+. Les activités ne sont pas suivi et contrôlées; en particulier ceux concernant le reboisement. Au demeurant, ce type d'aménagement a permis davantage à s'interroger sur la tenure foncière de la Covimof.

B- <u>La tenure foncière de la Covimof à l'épreuve du Redd+</u>

Selon William et al, (2010), « *la REDD+ cherche à mettre en place des incitations pour réduire la déforestation et la dégradation. L'hypothèse habituelle retenue dans les documents stratégiques sur les forêts et le climat est que la clé de la réussite de la Redd+ réside dans la solution des problèmes de la tenure mal définie ou mal établie* ». Il faudrait donc souligner ici la nécessité de préciser le régime de propriété foncière et sylvicole avant toute mise en œuvre du mécanisme. Ainsi, une tenure foncière[71] présentera donc un ensemble d'instruments juridiques qui pourront clairement

---

[71] Le droit, coutumier ou statutaire, déterminant celui qui peut détenir et utiliser des terres et ressources forestières, pendant quelles durées et dans quelles conditions. Le terme « droit de propriété »est analogue, quoiqu'il tende de se référer au sens plus étroit de la possession

schématiser les capacités spécifiques internes à répondre aux exigences de droit de propriété en matière REDD+.

En effet, les textes faisant l'objet des négociations au cours des délibérations de la COP se réfèrent à l'importance du règlement des questions foncières (par ex. CCNUCC 2009 C : 45, 109). « *Une étude de 25 Notes de réflexion sur le plan de préparation (R-PIN) relève que presque tous les pays dans lesquels des missions d'études ont été effectuées reconnaissent qu'il est nécessaire de clarifier la question foncière pour préparer la mise en œuvre de la Redd+* » (David et Coll. 2009, cité par William et al, 2010). Dans cette sous partie, notre étude s'attèlera à exposer les formes de possession et d'occupation des terres dans la COVIMOF et les différents droits autres que ceux de la propriété foncière sylvicole pouvant influencée les futurs droit carbone.

III- <u>LES POLITIQUES ET MESURES AMENAGES DANS LE CADRE D'UNE GESTION de la COVIMOF</u>

Comme toute action sociale, environnementale et économique, il est tout à fait habituel que des mesures et politiques soient mis en œuvre pour la réalisation des objectifs visés[72]. Dans le cadre de notre étude, ces objectifs à atteindre font mémoire aux dispositions énumérées dans les objectifs de millénaire pour le développement (**OMD**). Dans le développement du secteur forestier au Cameroun, les **OMD** occupent une place importante et se présentent en termes de développement durable et préservation de la biodiversité.

COVIMOF est la conséquence de ces mesures et politiques. Ces derniers appartiennent à la fois au secteur hors forestier et au secteur forestier. Ils ont tendance tantôt à compromettre la gestion durable des écosystèmes forestiers, tantôt à initier les gestionnaires des forêts à la conservation.

A- <u>Les politiques publiques hors du secteur forestier</u>

Encore appelées politiques indirectes, elles ont été négligées jadis par les spécialistes de la gestion durable des ressources forestières. Aujourd'hui, dans un contexte de mise en œuvre de la REDD+, les politiques sont reconsidérés dans le cadre des chapitres accordés à la gouvernance forestière et peuvent permettre d'éviter les

---

[72] Objectifs visés dans la stratégie de développement économique du Cameroun à l'horizon 2035.

erreurs du passé. Ces erreurs étant l'absence de prise en compte d'un cadre politique extérieur au domaine forestier.

En effet, la **REDD+** s'appuie sur une idée force, les paiements accès sur les résultats, c'est-à-dire de payer les propriétaires forestiers et les usagers de la forêt pour réduire les émissions et augmenter les quantités de carbone piégées. La mise en œuvre efficace de la **REDD+** exige donc un ensemble plus général de politiques. Notre étude s'attèlera aux politiques d'aménagements ou d'utilisation des sols et aux politiques économiques et financières qui peuvent impacter le déplacement des populations de la COVIMOF à des développer les activités similaires ailleurs.

1) <u>Les politiques d'aménagement ou d'utilisation des sols.</u>

Les politiques d'aménagement, d'organisation, ou d'utilisation des sols sont des mesures qui règlementent les modes de gestion de l'espace forestier communautaire. Elle constitue aussi des incitations nécessaires au développement en tenant compte du mode d'organisation des sociétés. Plusieurs politiques peuvent être mises en cause, de façon à refléter les différents intérêts antagonistes en présence. Les politiques qui peuvent conduire à la réalisation de la REDD+ dans un espace communautaire et permettre aux communautés de se tourner des facteurs de la déforestation vers des stratégies d'une gestion forestière rentable plus que le facteur de déforestation seront analysées. Il s'agira principalement d'étudier leurs impacts en cours, tant négatif que positif. De déceler les carences qui ont provoqué les faiblesses observées. Des politiques agricoles, énergétiques aux politiques de décentralisation en passant par le processus d'affectation des terres (politiques foncières et d'urbanisme), nous songerions à faire une analyse sur un espace délimité et de voir dans quelles mesures elles empêchent l'application futur du REDD+ dans la COVIMOF.

a)   <u>Les politiques agricoles et énergétiques</u>

i)- <u>Politiques énergétiques (en matière bois de chauffe et gaz domestique)</u>

Le secteur énergétique camerounais est composé de trois domaines qui concourent à la conception des stratégies institutionnelles dans la mise en œuvre d'une politique énergétique. Les hydrocarbures tels que le super, le gazole, le pétrole, le Jet al, le fuel oïl, et le gaz domestique sont assurés principalement par les centrales hydroélectriques et thermiques du concessionnaire du service public et les infrastructures du secteur des énergies renouvelables. Dans le cadre de notre étude, nous nous focaliserons sur les politiques en matière de consommation de bois de chauffe, gaz domestique et pétrole. Car, ces types d'hydro- carbures influencent les ménages. Ils peuvent détourner ou inciter les populations urbaines et rurales à se détourner des produits forestiers ligneux. Par exemple, une hausse du prix du gaz domestique peut entrainer une demande accrue du bois de chauffe. Cette augmentation de la demande prédispose les populations forestières à offrir plus de bois par le développement des comportements individuels (Voir photo N°2) qui entrainent le déplacement de la chaine de commercialisation.

Au moment où la réussite du REDD+ devra dépendre de la politique du bois-énergie et de consommation de gaz domestique dans le pays concerné, il sera judicieux de rendre compte de la réalité de ce secteur. En effet, bien que le bois énergie soit de loin la plus consommée au Cameroun, sa gestion est totalement informelle. Les données relatives à la production au transport, au conditionnement et à la distribution de cette forme de d'énergie reste peu connue. Le secteur de la Biomasse présente géographiquement un cout élevé du transfert du bois de feu du Sud forestier vers le Nord en voie de désertification. Avec une urbanisation croissante, ces transferts de bois de feu en zone urbaine sont devenus importants. Economiquement acceptable, le bois de feu (bois de chauffe) est devenu l'énergie la plus consommée au Cameroun.

Toutefois si la production du bois d'énergie est interdite ou réduite au sein de la COVIMOF, il y'aura délocalisation de la production dans des secteurs forestiers ou non forestiers où le carbone peut être protégé et stocké. Selon les Amis de la Terre, (2010) le traitement des fuites obéit à la nécessité de protéger les stocks de carbone piégés et stockés dans les écosystèmes non forestiers. Ces derniers sont situés dans le triangle national camerounais et sont influencés par les mêmes politiques agricoles et énergétiques. Raison pour laquelle à défaut que REDD s'effectue qu'au niveau national pour cause des fuites que comporteraient les projets subnationaux, l'approche combinée serait à même de commencer au niveau sous-national pourront ensuite progresser au niveau de l'approche nationale[73] à mesure qu'ils renforcent leurs capacités et améliorent la gouvernance. (Streck C. et Al, 2008).

---

[73] Cette démarche est le reflet des expériences vécues dans le contexte des approches basées sur les projets souvent caractérisées par des fuites et des coûts de transaction élevés. L'approche nationale aborde

L'amélioration de la gouvernance peut nous amener à revoir les politiques qui influent sur la gestion durable des forêts. C'est toute la pertinence de l'approche combinée qui fait appel aux politiques et mesures dans une optique de protection de la souveraineté nationale.

Source Enquête de terrain, 2010

Photo n°7 : Comportement d'un individu sur son espace traditionnel

L'image ci-dessus véhicule le comportement individuel d'un propriétaire de parcelle. Ce propriétaire sollicite cet espace de culture pour la collecte de bois de chauffe, afin

---

aussi les questions liées à la souveraineté. Il y est reconnu que la lutte contre la déforestation implique de procéder à des réformes stratégiques de grande envergure. Arild Angelsen, Charlotte Streck, Leo Peskett, Jessica Brown et
Cecilia Luttrell, in Quelle échelle choisir pour la REDD ? Faire progresser la REDD Enjeux, options et répercussions, (2009).

de répondre au besoin de ménage et de commercialisation. Ce sont des attitudes observées dans toutes les zones agroforesteries du pays. En A on a la forêt moins dégradée, B représente les cultures, C un arbre en feu à partir de ces racines aériennes. D'un autre de même nature ; cela signifie qu'il existe plusieurs essences dont les racines sont victimes de déchaussement. E est l'espace prêt pour labour qui, dans peu de temps constituera une surface délaissée pour jachère.

Les impacts sur l'environnement, particulièrement dans la zone agro forestière en disent long sur le rôle des politiques énergétiques dans l'atténuation des changements climatiques par les forêts. Par secteur d'activité, les ménages constituent le plus grand consommateur d'énergies au Cameroun avec 75% des parts. Viennent ensuite, avec 10% des parts chacun, le secteur des transports et celui des « autres[74]» (Système d'Information Energétique du Cameroun, Rapport 2007). Le bois de feu représente plus de 90% des quantités d'énergie consommée. Le gaz subventionné ne représente que 1% de cette consommation sectorielle. Le gaz considéré comme énergie de substitution est actuellement consommé par moins de 20% de ménages urbains et 3% de ménages ruraux.

Tableau 14 : **Les modes d'interventions des populations dans la COVIMOF**

| Village | Manière d'intervention dans la forêt | | | | |
	Petite agriculture itinérante	Petite agriculture vivrière	Récolte du bois de feu pour autoconsommation	Récolte du bois de feu pour commercialisation urbaine	Reboisement des espaces dégradés/déboisés
Akak	1	1	0	0	0
Ayos	17	17	4	0	0
Akyda1	3	3	1	1	0
Akyda2	6	6	2	3	0
Fakélé1	7	6	0	0	0
Fakélé2	12	11	1	0	1

[74] Industries, agriculture, commerce

Melo	13	11	9	1	2
Okekat	1	1	0	0	0
Total	**60**	**56**	**17**	**5**	**3**

<u>**Source**</u> : Agoum ghislain, résultats d'enquête (2011)

Les principales interventions sont la petite agriculture itinérante sur brûlis, la petite agriculture vivrière et la récolte de bois de chauffe pour auto consommation. Elles entrent dans le comportement ou les habitudes quotidiennes des populations. Ce sont des activités qui peuvent évoluer hors de la zone de projet. L'agent de la déforestation n'aurait pas à démontrer que ses activités n'ont pas évolué en dehors de la zone de projet en montrant par exemple les plans de gestion des autres zones comme requiert le VCS. Parce que les plans de gestion des autres zones sont le reflet des mêmes politiques et mesures qui influence le fonctionnement de la COVIMOF.

La réalité est que la cuisson des repas constitue le poste national de consommation d'énergie du pays. la COVIMOF fait partie des espaces communautaires qui offrent périodiquement, à la ville de MBALMAYO et de YAOUNDE des disponibilités en bois, Charbon de bois, sciure et copeau.

ii)- <u>La politique agricole : (mesures incitatives dans l'amélioration des conditions des paysans et un accroissement de la production et de la productivité)</u>

C'est devenu une démonstration unanime de hisser l'agriculture au premier rang des moteurs de la déforestation. Le développement des activités agricoles (voir tableau ci-dessus) intensives est une réponse de l'accroissement de la population et l'illustration d'une disponibilité insuffisante de la quantité des produits agricoles sur le marché nationale (FCPF R-PIN Cameroun, 2008). Cette pratique est certainement responsable de la grande perte du couvert forestier. Une perte élevée plus élevée sur le DFNP que sur le DFP, indique que le zonage est globalement respecté et suggère qu'une stratégie de réduction des émissions doit avoir une attention particulière aux terres du DFNP, menacées par une conversion massive (Dkamela, 2011). Responsable de 80 à 95% de la déforestation au Cameroun, (Nssah et al 2000) l'agriculture constitue l'un des secteurs de développement tout à fait compatible avec les réserves forestières actuelles.

En effet, à travers la stratégie de développement du secteur rural de 2006, le MINADER s'était fixé des objectifs de production par spéculation agricole à l'horizon 2015. Pour l'atteindre, il faudra augmenter les rendements de l'ordre de 50% et accroître les surfaces de culture de l'ordre de 25%. Ces orientations ne sont que l'expression d'une volonté tacite d'acquérir des terres boisées, pour le développement des cultures de rente telles que le cacao, le café robusta, l'hévéa et le palmier à huile. Le tableau ci-dessus représente ces différentes projections.

Tableau 15 : Projections de production pour les cultures des zones forestières dans la SDSR.

Cultures	Superficies cultivées (ha)			Production (Tonne)		
	2005	2010	2015	2005	2010	2015
Cacao	350 0000	375 000	400 000	140 000	263 000	320 000
Café robusta	143 000	150 000	157 000	50 000	75 000	110 000
Hévéa	4 000	6000	8 000	5 200	7800	12 000
Huile de palme	40 000	60 000	110 000	44 000	75 000	166 000
Manioc	151 000	151 000	172 000	2 114 000	2 698 000	3 444 000
Banane plantain	206 000	211 000	225 000	1 350 000	1 903 000	2 700 000

<u>Source</u> : **MINADER, 2006**

En suivant les objectifs de productions d'ici 2015 par la production du cacao (320 000t), du Manioc (3 444 000 t) et de la banane plantain (2 700 000t), la conquête des nouvelles terres pourra entrainer une conversion massive des espaces de la CCOVIMOF.

La création des **GIC** agricoles pour le développement de l'agriculture en milieu forestier constitue une illustration (tableau des différents **GIC** de la **COVIMOF**) des mesures incitatives. L'amélioration des rendements agricoles incite à défricher des nouvelles surfaces.

B-   <u>**Les politiques d'urbanisme et minière**</u>

i)- <u>Le politique d'urbanisme</u>

D'un autre côté, l'urbanisme, concept définissant dans une large mesure l'organisation d'un espace différent du rural peut aujourd'hui constituer un moyen de modernisation du monde rural. L'électrification des villages, la création des routes qui ouvrent de nouvelles bandes de défrichement, nourris les sensations quotidiennes de la COVIMOF d'effectuer un trajet à destination de la ville la plus proche (Mbalmayo). Le GIC est devenu un espace en quête de modernité, voire d'urbanité. Cet ensemble de besoins qu'éprouvent ces populations est une problématique de plus en plus généralisée dans les campagnes. Cette envie trouve un élan de réponse dans les politiques d'urbanisme. Même si elles sont parfois effectuées au détriment des mesures de protection et de conservation des forêts, parce que répondant aux problèmes de développement similaire à la politique minière.

ii)-<u>La politique minière</u>

Dans le cadre du document de stratégie pour la croissance et l'emploi (DSCE), le Cameroun fait face désormais à des nombreux défis. Au regard de son développement, le pays présente un taux de pauvreté monétaire de 40.2%. Une faiblesse de l'investissement réduit à 17.4% du PIB (MINEPAT, 2009). Le développement des grands projets miniers reste une priorité à atteindre. Pour l'instant la COVIMOF ne fait pas l'objet d'une telle entreprise. La communauté ne demande qu'à s'impliquer davantage à la gestion des écosystèmes forestiers.

C- <u>La politique de décentralisation : la mise en œuvre de la participation des acteurs locaux</u>

Au Cameroun, la politique de décentralisation a longtemps prévalue en matière de gestion forestière. Elle avait pris de l'avance à cause du centralisme hégémonique de l'Etat moderne. La loi forestière de 1994 consacre et institutionnalise le concept de gestion forestière, essentiellement par les dispositions relatives aux forêts communale et communautaire et à l'allocation d'une part des redevances annuelles (RFA) aux populations riveraines des concessions forestières (art.67 et 68). En effet, depuis 2010, la décentralisation a été rendue effective et se manifeste dans certains textes comme la publication des premiers décrets de transfert de certaines compétences de l'Etat ; après 14 ans. Bien avant, la mise en place concrète de ces entités locales semblait satisfaisante. Surtout avec la promulgation des premières lois d'orientation, 8 ans plus tard (2004). Dans le secteur de la foresterie communautaire (art. 37 et 38), la décentralisation s'est plutôt limitée à une délégation du pouvoir de gestion d'une fraction du DFNP selon Dkamela (2011). Elle a pu offrir aux populations des ingrédients nécessaires à leur implication à la gestion durable des forets (un concept essentiel qui fait appel à tous les acteurs à l'instar des communautés).

A la faveur de la décentralisation de la gestion forestière au Cameroun, plusieurs opportunités ont été créées par la loi forestière de 1994 pour encourager la participation des acteurs à la gestion forestière au niveau des comités locaux. « *En ce qui concerne la particulièrement la participation des acteurs locaux, la décentralisation de la gestion forestière au Cameroun s'est traduite par la dévolution à ceux-ci de la gestion des forets communautaires et des redevances forestières* » (J. MBairamadji ,2009). L'instauration d'une taxe parafiscale de 1000 FCFA/m^3 de bois à payer par l'exploitant d'une vente de coupe aux villages riverains pour la réalisation d'œuvres sociales, la reconnaissance problématique des droits d'usages coutumiers et le développement des zones d'intérêt cynégétique à gestion communautaire peuvent constituer également des avancées de la décentralisation institutionnelle.

Néanmoins, cela n'a pas empêché les analyses d'être contradictoires sur la question. Cette décentralisation a plutôt permis le renforcement d'élites provinciales, qui sont directement intéressées par l'exploitation des ressources forestières ou tout au moins par la possibilité d'en contrôler les conditions d'accès, favorisant une recomposition du champ politique en dehors des grands centres urbains (Oyono, 2004). Dans ces circonstances, la participation des communautés à l'intégralité de la gestion de leur propre identité devient mitigée.

IV-<u>Les contraintes à la gestion des forêts communautaires par les communautés</u>

La COVIMOF représente un cliché assez flou de la décentralisation de la gestion forestière. Cette politique a entrainée des effets domino plus ou moins en défaveur des populations. Dans cette communauté, la décentralisation a entrainé la marginalisation des populations, notamment leur méconnaissance de la loi forestière et l'asymétrie d'information existante à ce sujet.

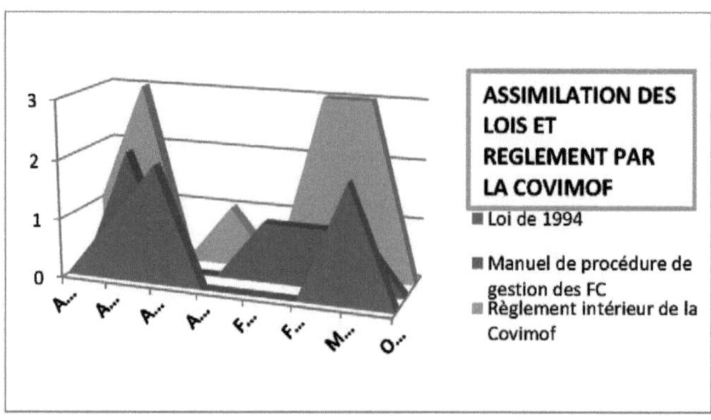

Graphique n°5 : Niveau d'assimilation des lois et règlements par la communauté.

Source : Agoum Ghislain, enquête 2011

En outre avec la décentralisation, l'importance de disposer d'un certain niveau d'instruction fait défaut pour la bonne marche des activités de gestion (inventaire forestier, plan d'aménagement, gestion des retombées financières, et des contrats avec les partenaires économiques). Ainsi mise en œuvre, le transfert du pouvoir de gestion *« a amené à privilégier le choix de personnes éduquées dans les locaux et ce, au détriment des chefs de lignage »* et des populations dont la scolarité est limitée, voire inexistante (J. MBAIRAMADJI 2009)

Finalement, il est logique de constater que les populations de la COVIMOF ne disposent pas de d'un véritable processus décisionnel. Ce dernier étant conférer aux comités locaux de gestion « assisté » ou « encadré » par le sous-préfet, une ONG de la place en l'occurrence le CED et le délégué des eaux et forêts de MBALMAYO. Il n'existe pas de lien direct entre ces acteurs et les populations riveraines.

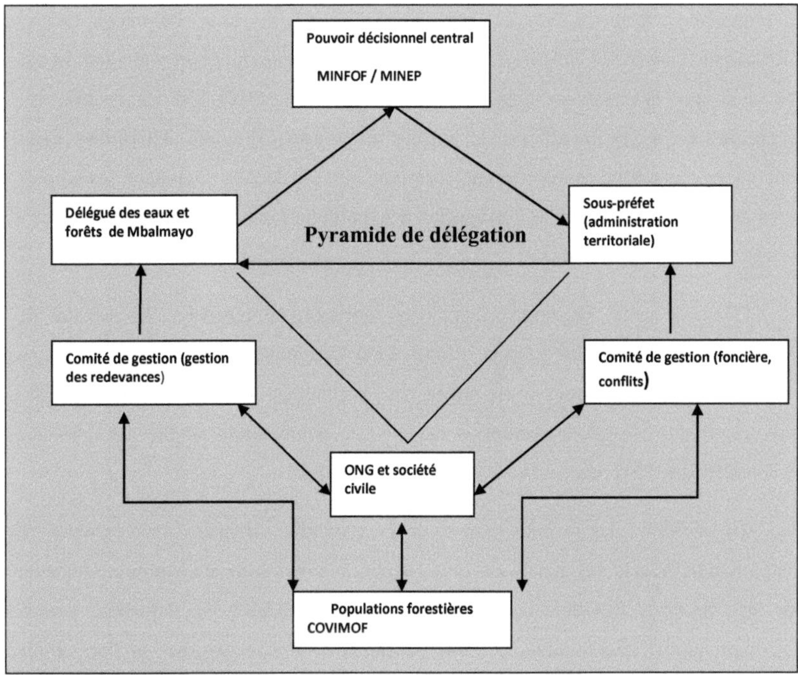

<u>Source</u> : Agoum Ghislain. 2011

<u>Figure n°10</u> : Système de décentralisation forestière

Comme l'illustre la figure ci-dessus, « *il va donc de soi que des incertitudes subsistent sur l'avenir de la décentralisation, lequel avenir conditionnent également toute initiative à l'instar de la Redd+ devant se dérouler au niveau infranational* » (Dkamela, 2011). Un niveau où la lutte contre la corruption demeure un énorme défi à relever.

Les politiques de lutte contre la corruption

L'arrivée de la **REDD+** devra à s' attarder sur l' amélioration de la gouvernance forestière , du point de vue financier , administratif et démocratique. En se focalisant sur l'augmentation de la transparence et le recours systématique à l'information du public . En effet , la corruption (page 195) est largement répandue dans la plupart des pays susceptibles de participer au plan **REDD+** . Certains s'inquiètent d'une corruption mal maitrisée qui compliquerait la mise en œuvre efficace, efficiente et équitable de la **REDD** . « *si un tel lien est* *envisageable, d'autres études ont montré que les taux soi-disant élevés d'abattage commercial illégal dans certains pays comme le Cameroun ne sont pas cor robés par des preuves flagrantes* » (Tacconi et al, 2010). S'il est prouvé que la corruption à un impact sur le secteur forestière , il faudra déterminer quels sont les moteurs d'un comportement corrompu afin de décider comment les utiliser et les maitriser pour décupler l'efficacité des politiques anti- corruption de soutien à la mise en œuvre du Redd+.

Dans le cadre de notre étude, il est question de répertorier les niveaux de corruption au sein de la gestion d'une forêt Communautaire et d'évaluer leurs impacts. Pourvue que ceux-ci ne soient pas maintenue dans la réalisation des activités Redd+. Ainsi, la corruption au niveau administratif couplée de l'absence de contrôle des PSG engendre les problèmes tel que :

-La gestion des revenus issus de l'exploitation illégale, la récurrence de l'exploitation illégale, les pots - de –vin attribués aux agents de contrôle forestier par les transports des bois issus des forêts communautaires, le caractère véreux des partenaires économiques, une absence de rendre compte et une faible transparence sont considérés comme des comportements relevant de la corruption. Ces comportements diminuent considérablement les bénéfices nets tirés par les personnes impliquées dans la gestion de la COVIMOF.

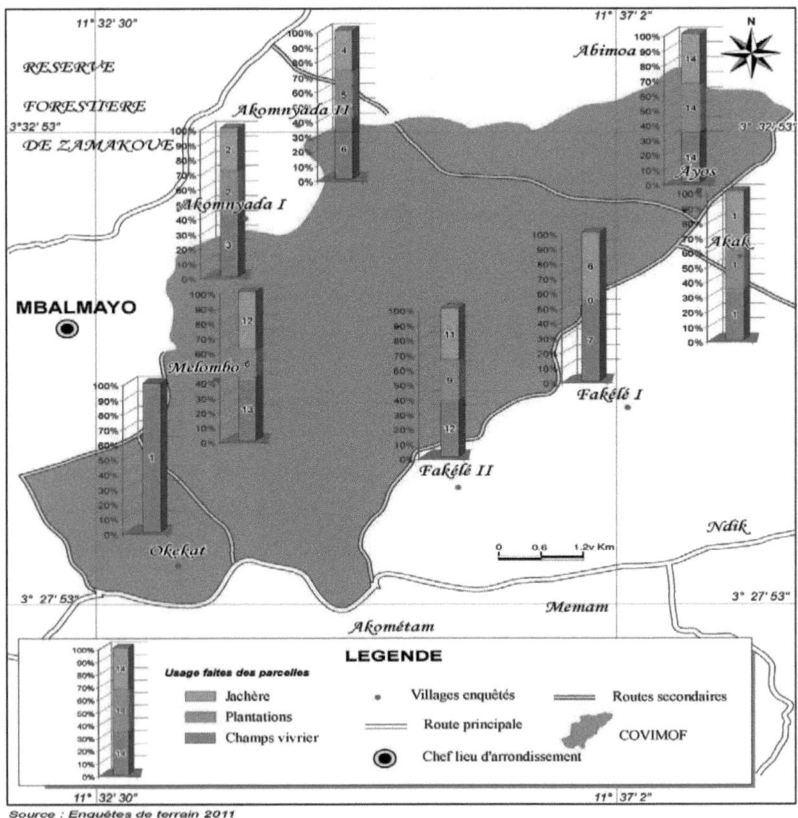

Figure n°11: répartition spatiale des usages destinés aux parcelles

Les populations de la Covimof entreprennent quotidiennement des activités économiques (vente des produits agricoles en termes de services alimentaires rendus). Ces activités hypothèquent substantiellement leur espace forestier (voir tableau ou photo). Les activités vont des pratiques agricoles à la vente des produits vivriers, en passant par les stratégies de transport vers les villes avoisinantes. En général, la politique économique peut porter sur les mesures incitatives à l'amélioration des revenus des paysans à l'instar des politiques agricoles (baisse des prix des intrants agricoles , régulation des prix du vivrier , etc.). Elle peut également s'inscrire dans le cadre d'une économie verte. Dans cette logique, l'amélioration

144

des conditions de vie des populations forestières est considérée comme l'évolution d'un processus de contribution active à la formation d'un bien collectif, le service environnemental. Le service rendu ici, s'opère en marge des facteurs de la déforestation. Il aborde les changements de pratique et des restrictions d'usage (renonciation à une activité) via les PSE. Selon Karsenty (2010), *« un PSE est une rémunération d'un agent économique pour un service rendu à d'autres agents économiques (où qu'ils soient) à travers une action intentionnelle visant à préserver, restaurer ou augmenter un service environnemental convenu »*. De ce fait, une mise en œuvre théorique des dispositions sur la notion du marché carbone est à consolider.

A)- <u>Les politiques et mesures dans le secteur forestier : réduction ou augmentation de la rente forestière</u>

Les auteurs comme Petkova et al, (2010) ont longtemps décriés la situation de gouvernance forestière. Le cas d'espèce est tourné vers l'Amérique Latine. En Bolivie par exemple, les politiques mises en œuvre ne favorisent clairement et réellement une gestion communautaire équitable. Au Cameroun, le cadre politique et institutionnel prend corps avec le traité de Brazzaville via la création de la COMIFAC. Depuis la déclaration de Yaoundé, les mesures de gestion communautaire ont vu le jour. Le renforcement des activités visant à accroitre la participation active des populations rurales dans la planification et la gestion durable des écosystèmes et la création des espaces suffisants par leur développement économique social et culturel a été une des recommandation adoptées .C'est l'enclenchement d'un processus politique sous régional qui , plus tard à fait naitre un plan de convergence. Le volet régional aménagement forestière et gestion participative a permis d'élever les politiques et mesures de la forestière communautaires aux rang des grandes Orientations gouvernementales (opérationnalisation du concept de foresterie communautaire , droit de préemption adoption du manuel des procédures d'attribution exploitation en régie des FC). Mais au fil des années, le concept de gestion des forêts communautaires est devenu assez complexe. Le bilan de la foresterie communautaire pour la plupart des analystes n'est point encourageant. Les premières expériences montrent que ce sont les élites locales, bien informés et possédant parfois des solides appuis politiques ou jouissant d'un rang privilégié au sein de l'administration, qui ont pris les devants pour solliciter la création des forêts communautaires (Tchuitcham, 2005).Les politiques et mesures élaborées à cet effet sont alors perçues d'après Karsenty (2010) comme une sorte de partage de la rente forestière. Et ce sont ces politiques et mesures de gestion qui impactent le comportement des populations de la Covimof. L'assimilation de ces mesures peut constituer une contrainte à l'effectivité des activités REDD+ à l'instar de la gestion durable des forêts.

1)-Les politiques d'exploitation forestière ou mesures de gestion du GIC COVIMOF

Il existe une gamme de mesures en matière de gestion des forêts communautaires. Mais pour les besoins d'étude, nous avons pu sélectionner seulement celles qui nous montrerons à quel point le risque d'application de la REDD+ volet gestion durable est grand si aucun amendement n'est opéré. Il s'agit ici non seulement des modalités administratives d'exploitation forestière, mais surtout des mesures de gestion proprement dites. C'est à dire le statut juridique de la Covimof et le contenu du pouvoir de gestion, la force exécutoire du PSG.

Les modalités administratives d'exploitation forestière d'une   F.C   sont supervisées par le **guide simplifié des procédures d'attribution et des normes de gestion des forêts communautaires au Cameroun**. L'arrêt **N^O 0518 / MINEF /CAB** du 21 Décembre 2001 fixant les modalités d'attribution en priorité à la communauté Villageoise.

a)- Les modalités administratives d'exploitation forestière

En principe, le GIC COVIMOF a opté pour une exploitation en régie. Cette forme de gestion des activités forestières et pastorales qui se veut durable est assujettie à certaines formalités administratives. Mais celles-ci ne donnent pas toujours la possibilité d'exercer dans les limites des contrats passés avec les partenaires économiques. Ce qui ralentit considérablement l'exploitation forestière durable et ouvre les vannes à l'exploitation illégale. En effet, l'administration forestière est chargée de délivrer un certain nombre de documents administratifs (lettre de voiture, certificat annuelle de coupe, carnet entré usine etc.). Il arrive parfois que les autorisations d'enlèvement ou de récupération du bois (AEB/AREB) soient bloquées au sein du MINFOF/SDFC. Selon le gestionnaire de la COVIMOF il y'a 258 mètre cube débité et 93.103 mètre cube en grume stocké dans les sites d'abattage en attente. Ceci du fait des problèmes internes entre l'administration et le GIC COVIMOF. En amont, la forêt communautaire emploi comme matériel la LUCAS MILLE (voir photo N°8). De ce fait, en respectant le certificat annuel de coupe (CAC), elle génère avec une main d'œuvre d'une dizaine de personne plusieurs mètre cube de bois débité. D'une part, ce bois est débité et stocké. D'autre part les partenaires économiques ne respectent pas leurs engagements. En aval, on assiste à un climat d'insatisfaction générale. Devant une absence de réalisation socioéconomique, l'espace communautaire s'expose à l'exploitation illégale.

Photo N° 8 : Cas d'exploitation de bois légale effectuée par les employés du comité de gestion.

Source : Agoum Ghislain, enquête de terrain 2011

L'exploitation autorisée ci-dessus représente un exemple parmi tant d'autres de l'exploitation forestière dans une parcelle bien localisée selon l'essence requise(E). Le propriétaire de cet espace(F) ne réside pas dans la COVIMOF, mais plutôt dans un village voisin à l'intérieur du département de la Mefou Akono. (C) représente la LUCAS MILLE qui permet de débiter du bois, dont son fonctionnement est maitrisé par un technicien qualifié (D).

Cet état des choses amène certains occupants à céder clandestinement leur prétendue propriété à des acquéreurs éleveurs.   Ces derniers ont la réputation de migrer d'une zone à l'autre, à la recherche des nouveaux pâturages. Et il s'en suit des fuites

Aujourd'hui , le bilan est loin d'être atteint(augmentation de la déforestation , difficile   accès des communautés villageoises   aux   ressources   forestière pour améliorer leurs conditions de vie). Les raisons tiennent notamment des procédures d'attributions qui sont complexes sur le plan technique et administratif et couteuse par rapport aux moyen des communautés villageoises.

b)- Les mesures de gestion proprement dites : les principales contraintes de gestion

Dans le cadre de notre étude, le statut juridique et le contenu du pouvoir de gestion sont considérés comme les contraintes   au système local de la gestion du GIC COVIMOF. Ces mesures guident indirectement son fonctionnement.

-Le statut juridique

Selon l'article 28(3) du décret, la communauté qui désire obtenir et gérer une forêt communautaire doit avoir une personnalité morale sous la forme d'une entité prévue par la législation en vigueur. En effet, selon la section III du manuel de procédure de création des forêts communautaires, l'entité juridique doit être créée « avant » la réunion de concertation exigée par la loi (de ce fait, qui décide de la nature de l'entité juridique à créer ?). Ces formes d'entités juridiques sont respectivement régies par la loi n° 90/053 du 19 décembre 1990 sur la liberté d'association, la loi n° 92/006 du 14 août 1992 et le décret n° 92/445/PM du 23 novembre 1992 sur les sociétés coopératives et les groupes d'initiative commune et l'acte uniforme OHADA entré en vigueur le 1er janvier 1998[75], sur les sociétés commerciales et les groupements d'intérêt économique. En ce qui concerne la COVIMOF, c'est le statut de GIC –Groupe d'Initiative Commune- qui a été choisi. C'est-à-dire le comité de gestion doit avoir des opérations qu'avec ses propres membres (loi du 14 Août 1992 al. 51). Ce qui est logiquement impossible parce

---

[75] Ainsi, nul nouveau cadre n'a été créé à de telles fins par la loi de 1994, laquelle, bien au contraire, se repose sur des entités prévues par d'autres lois. Liz A. W., 2011, À qui appartient cette terre ? Le statut de la propriété foncière coutumière au Cameroun, Ed Fenton, 215 pages.

que ses membres ne seront jamais les acquéreurs exclusifs des produits extraits de la forêt. De ce fait, pour la recherche des devises en vue d'atteindre les objectifs de développement local, la COVIMOF fait appel aux partenaires économiques entendus comme une catégorie d'agent de déforestation. Ces partenaires se déplacent d'une FC à une autre à la recherche de l'essence bon marché. En cas d'inaccessibilité dans un espace collectif spécifique (présence de projet REDD), ils se déplacent ailleurs et peuvent provoquer des phénomènes de fuites. Il en va de même pour le contenu du pouvoir de gestion.

-Le contenu ambigu du pouvoir de gestion : le prolongement du droit d'héritage

Le terme « attribution » (accréditation) fut adopté en 1998, dans le but d'exprimer le fait que les Forêts communautaires étaient reconnues comme appartenant à la communauté, mais non pas d'une manière impliquant ou accordant une propriété quelconque sur les terres. (Liz A. W., 2011). Cependant le tableau ci-contre nous démontre la considération qu'ont les populations de ces droits d'attribution.

Tableau 16 : Catégorisation des droits liés à l'accès de la ressource forestière COVIMOF.

Villages	Droits de déroulement des activités		
	Droit de succession et d'héritage	Droit par attribution	Donation
Akak	1	0	0
Ayos	15	1	1
Akyda1	3	0	0
Akyda2	6	0	0
Fakélé1	7	0	0
Fakélé2	12	0	0
Melo	12	1	0
Okekat	1	0	0
Total	**57**	**2**	**1**

Source : Agoum Ghislain, enquête de terrain (2011)

La majorité de la population reconnait uniquement le droit de succession ou d'héritage. Ce sont des droits à valeurs culturelles intenses qui permettront en cas de clarification un accès légitime au crédit carbone. Au bout du compte, la propriété carbone devient incertaine. Les spécialistes des forêts s'accordent généralement pour dire que la clarification et la garantie des droits sur les terres et les ressources forestières constituent une condition préalable esse au développement d'initiatives et de projets forestiers durables, y compris les projets REDD (Freudenthal E. et al, 2011). La R-PIN ne traite pas de la question juridique de propriété des ressources forestières et du carbone forestier. Elle ne fait que reconnaître que l'État est considéré comme le propriétaire de presque toutes les terres. De ce droit dépend l'extraction des produits exotiques et leur écoulement vers des sites d'approvisionnement. En cas de rupture, il y'aura délocalisation des zones de production parce que avec la croissance démographique galopante, les flux d'approvisionnement ce cesse de s'accroitre.

C- <u>Spatialisation des politiques publiques et évolution des acteurs usagers de la Covimof</u>

Face aux entorses et contraintes de la gestion du GIC COVIMOF, (model juridique de la COVIMOF, prolongement du droit d'héritage et modalités administratives d'exploitation forestière contraignantes) l'espace est perçu comme un **« espace-écran ».** Les différents comportements des acteurs y sont exposés. On y observe un métissage de l'utilisation du territoire.

En effet, la gestion administrative de l'espace par le traçage de léons et la gestion traditionnelle par le respect des limites des parcelles individuelles sont simultanément effectués. Les différents essences à exploiter, cumulées aux jachères, plantations, espaces dénudés et non exploités (couvert forestier en état) permettent d'appréhender une mauvaise assimilation des politiques publiques (voire figure n°3). Cependant, en dépit de l'état environnemental du GIC COVIMOF, les considérations communautaires existent.

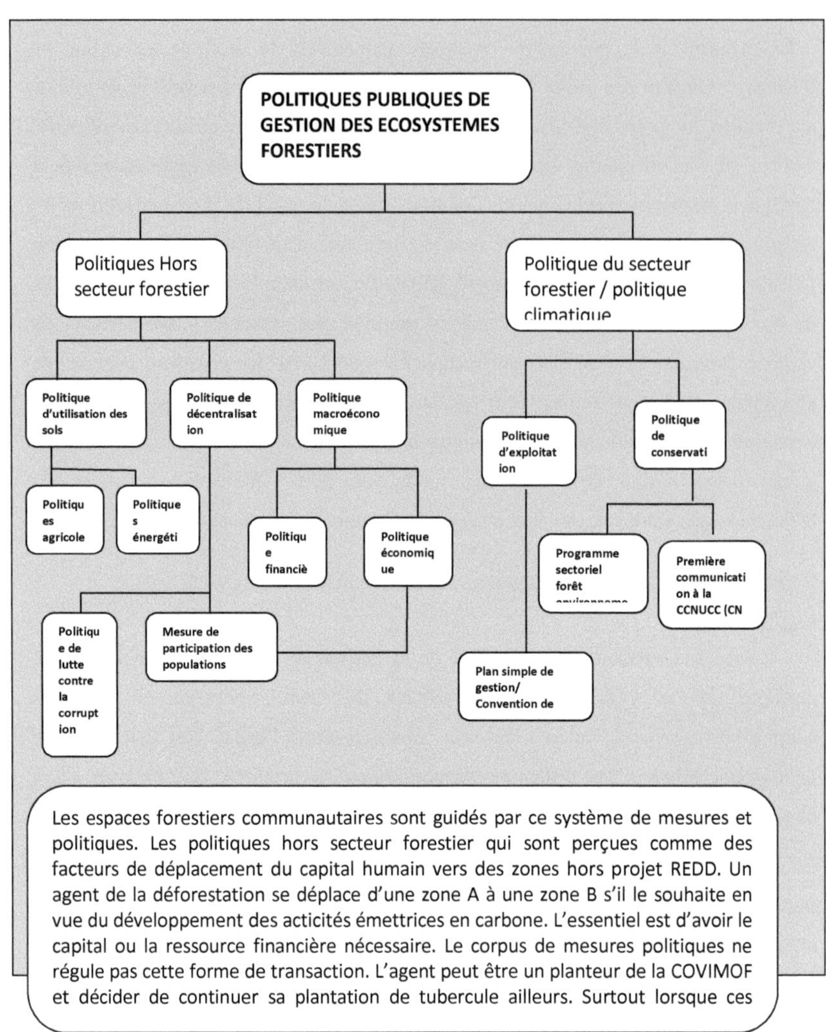

Figure N°12 :   système de politique publique de gestions des écosystèmes collectifs

Source : Agoum ghislain, 2011

Elles représentent des signaux d'alerte en matière de lutte contre les changements climatiques. Cette volonté d'atténuer les changements climatiques peut constituer un atout en termes d'efficacité dans l'analyse du coût d'opportunité.

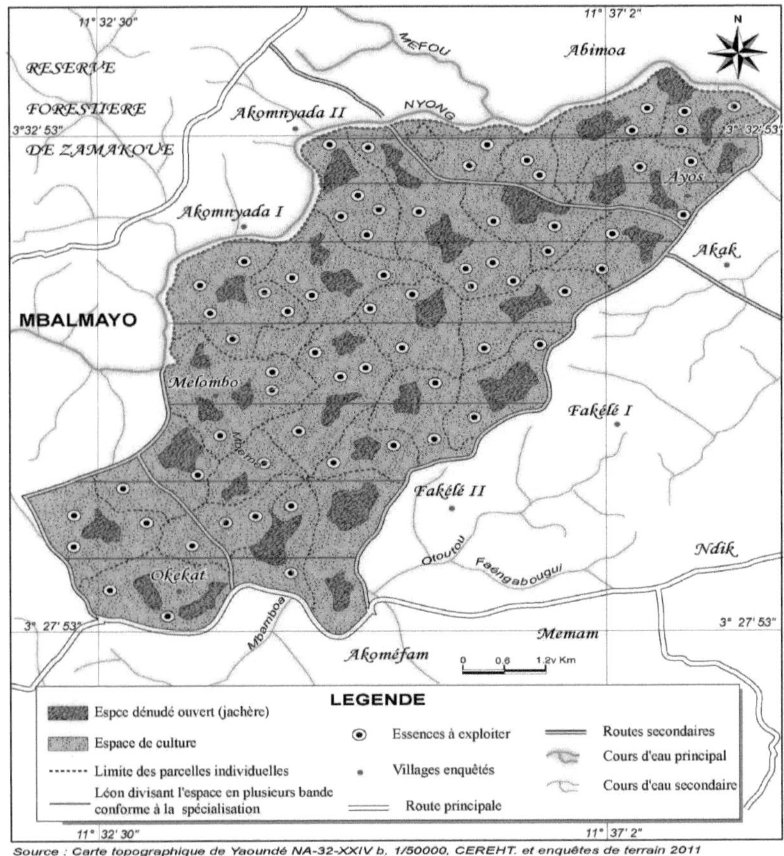

Source : Carte topographique de Yaoundé NA-32-XXIV b, 1/50000, CEREHT. et enquêtes de terrain 2011

Figure N°13 : Spatialisation des politiques publiques et évolution des acteurs usagers de la COVIMOF

V- <u>RÔLE DES POLITIQUES ET MESURES DANS LA GENERATION DES FUITES</u>

Toute approche REDD devrait se pencher sur les problèmes complexes de fuites. Elles sont synonymes de déplacement, déplacement vers des zones sans projet. Ces zones sont situées soit au voisinage ou en dehors du département ou de la région où se situe le projet.

En effet, COVIMOF est situé soit à 12km ou à 3km de Mbalmayo selon qu'on se trouve respectivement du côté de Faekélé et Akomnyada I. Ainsi les habitants se déplacent ponctuellement pour écouler les produits agricoles dans les marchés de Mbalmayo, Yaoundé et Douala. En retour ceux-ci achètent les produits de première nécessité pouvant servir à compléter leur régime alimentaire. Les déplacements de la population locale sont également dus au mariage. Les filles pour la plupart de cas quittent la famille pour le mariage dans un village voisin. Ces différents types de migrations sont réversibles. Sauf en cas de mariage où la jeune femme pourra développer ses activités ailleurs. Mais l'idée de ce travail est de faire ressortir les causes sous-jacentes des fuites. Par exemple certains habitants de la COVIMOF possèdent des parcelles en dehors des limites de la FC. Du Nord au Sud, de l'Ouest à l'Est existe des terres appartenant aux populations d'Akomnyada 1&2, de Faékélé 1&2, d'Ayos, et d'Akak (voir carte ci-dessous). De cette façon, les agents de déforestation proche de COVIMOF peuvent continuer à développer des pratiques à émissions de CO_2 sans pour autant se déplacer. Malgré la preuve que les surfaces octroyées par l'Etat aux populations de la COVIMOF n'aient pas augmentée comme le recommande le standard ADP. Des villages voisins peuvent même interpeller ceux du GIC par solidarité, relation clanique ou familiale.

Cependant, le déplacement potentiel des produits (produits forestiers ligneux et non ligneux, produits de rente et produits vivriers) et des agents de la déforestation[76] (parties prenantes de la COVIMOF et en dehors de la COVIMOF) est favorisé par les systèmes d'appropriation de la ressource forestière et les politiques publiques. Ces

---

[76] Les agents de déforestation peuvent être de plusieurs types : praticiens de l'agriculture itinérante sur brûlis, petits agriculteurs, planteurs de soja ou de palmiers à huile, éleveurs, spéculateurs sur le foncier, migrants spontanés ou dans le cadre de programmes nationaux, etc. Lutte contre la déforestation (REDD) : implications économiques d'un financement par le marché, R. Pirard 2008 Iddri, Idées pour le débat N° 20.

derniers guident le comportement des parties prenantes et couvrent l'ensemble des zones forestières du pays. En guise d'exemple, l'agriculture de seconde génération actuellement lancée au Cameroun confère à toute personne désirant entreprendre dans le secteur la faculté de se déplacer vers des zones forestières et non forestières, arables afin d'y exercer les activités émettrices de carbones.

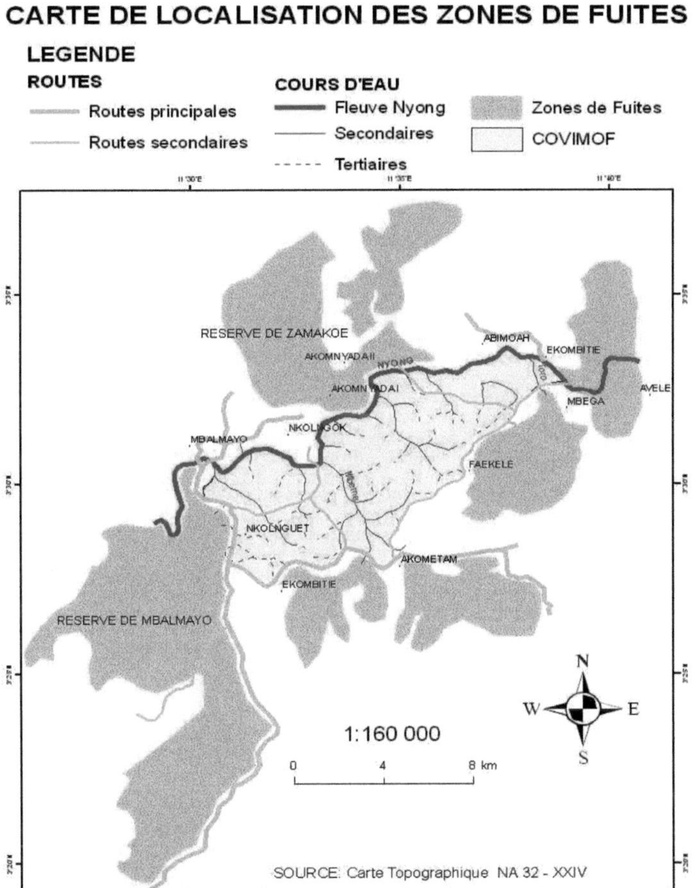

Carte N°5 : Carte de localisation des zones de fuites

La carte ci-dessus est un cas de fuites proches de l'espace projet contrairement aux fuites lointaines. Certains habitants de COVIMOF possèdent des parcelles de cultures ou de plantations à la fois dans les zones de fuites proches et à l'intérieur de la FC. La principale cause réside dans les conditions d'accès à la propriété foncière sylvicole, les mesures non régulé de l'exploitation forestière et l'instabilité des politiques agricoles.

CONCLUSION PARTIELLE

D'une conférence des parties à l'autre et depuis 2005, le mécanisme de réduction des Emissions dues à la déforestation et à la dégradation forestière, conservation, gestion forestière durable et augmentation des stocks de carbone s'est imposé comme la méthode la plus adaptée et convaincante de l'atténuation des changements climatiques par les écosystèmes forestiers. Mais beaucoup de risques sont encore à évaluer. Les problèmes de fuites par exemple seront capital pout toute réussite REDD+.

Les fuites représentent toute augmentation des émissions de GES en dehors des limites du projet et qui résulte des activités du projet ou du déplacement des activités en amont du projet. A cause de leurs complexité, la CCUNCC opte pour un système à l'échelon nationale et d'y impliquer de pays autant que possible. Mais, même ainsi les déplacements des activités de dégradation et de déforestation pourraient s'observer d'un pays forestier à l'autre. Finalement la solution serait d'éliminer les causes premières du déboisement (foei, 2009).

En effet, Il était question dans ce chapitre de s'interroger sur les politiques et mesures institutionnelles qui justifient légitimement la plupart des actions des parties prenantes de nature à provoquer les **phénomènes de fuites** pendant l'application de la REDD+ ? L'objectif spécifique était d'analyser les éléments juridiques politiques et institutionnels qui permettront de faciliter le processus de réforme des politiques publiques et mesures pour limiter les facteurs en liens avec les phénomènes de fuites dans le GIC COVIMOF. L'hypothèse stipulait que les politiques et mesures quelle que soit leur nature, les systèmes fonciers forestiers communautaires et la planification de l'utilisation des sols nécessaires   engendrent les phénomènes de fuites sur la permanence de la REDD+ dans la COVIMOF. Des informations recueillies auprès du délégué départemental des forêts du Nyong et So'o, du comité de gestion, de la sous-direction des forêts communautaires du MINFOF et de la population nous retenons que l'accès à la ressource forestière est foncièrement d'ordre économique. De façon générale, Il existe aujourd'hui un large consensus sur la nécessité de mettre un terme à la déforestation[77] des zones tropicales. La question des droits coutumiers et des mesures et politiques qui sou tendent le comportement des usagers sera l'élément clé pour le traitement des fuites à l'échelle nationale.

---

[77] responsable d'environ 20%des émissions mondiales de gaz à effet de serre -pour éviter les répercussions catastrophiques d'une augmentation de 2°C de la température mondiale moyenne.

CHAPITRE IV : LES MECANISMES ADMINSTRATIFS ET COUTUMIERS DE REGULATION DES FORMES D'INTERVENTION DANS LA COVIMOF : BASE DE REFLEXION SUR LA PERMANENCE DES PROJETS REDD+.

La permanence fait également partir des questions et exigences techniques et méthodologiques pour l'application du futur mécanisme REDD+. Elle est liée à la période de temps que le carbone reste dans la biosphère. C'est-à-dire à l'abri de l'exploitation illégale, des changements d'utilisation des sols, conflits, sécheresses, feux de brousses, maladie etc. Cela suppose que des mécanismes pour garantir la permanence ou assurer les risques de non permanence existent, compte tenu que la réduction des émissions dans la zone de projet ne l'est pas pour l'éternité. C'est la raison pour laquelle ce chapitre entrevoit montrer comment le jeu entre les mécanismes institutionnels de régulation et la diversité d'intérêts des groupes d'acteurs influence l'effectivité d'application de la législation forestière et génère un niveau d'exploitation de nature à hypothéquer la permanence d'un éventuel projet REDD+ dans le GIC COVIMOF. Au préalable, il a été question de savoir si les mécanismes de régulation de l'accès à la ressource forestière sont de nature à lutter contre l'exploitation illégale des forêts et à parvenir à une effective résolution des **contraintes de non permanence** qu'impliquent les futures activités REDD+? Dans la mesure où l'exploitation illégale, les mécanismes de contrôle et les modes de résolution des conflits constituent des contraintes qui affaiblissent la permanence de futures activités REDD+ au sein du GIC COVIMOF, pour que ces activités REDD+ puissent produire une réduction des émissions, les mécanismes de contrôle et les modes de résolution des litiges doivent être de nature à contribuer au développement des nouvelles formes de garantie des risques de permanence.

En effet, la COVIMOF a longtemps été le lieu des activités forestières et agricoles. C'est une bande agro-forestière qui a constitué le centre d'intérêts de plusieurs sociétés d'exploitation forestière. Aujourd'hui, l'état de la ressource met en évidence la grande inquiétude sur les actions de reboisement communautaire. Malgré les stratégies de contrôle et de surveillance qui s'y opèrent, les modes de résolution des conflits ne produisent pas toujours satisfaction. Entre contrôle moderne et surveillance villageoise, se dresse un langage de sourds. Selon le manuel de procédure de création des forêts communautaires, le contrôle est de la compétence de l'administration et la surveillance à la responsabilité de la communauté. En effet, ce chapitre présente le degré d'application de la législation forestière au sein de la Covimof. La nature des litiges dépendra du niveau d'applicabilité des lois et règlements et par conséquent le degré de gestion des risques de non permanence.

I- <u>Les stratégies de contrôle au sein de la Covimof : Les formes de régulations en présence.</u>

Dans le but de gérer les risques de non permanence, les activités liées à la REDD+ en matière de réduction des émissions, d'amélioration du stock de carbone, de conservation et de gestion durable des forêts nécessitent des mesures de contrôle administratif et de surveillance villageoise. Ces mesures doivent être de nature à éviter les risques de non permanence[78]. En effet les abattages illégaux, le non-respect des exigences administratives d'exploitation forestière (par ex. le non-respect des PSG), et les feux de brousse sont la conséquence d'un contrôle inapproprié.

Cependant, il existe des mécanismes institutionnels et traditionnels des contrôles des activités agricoles et forestières issus du système de gouvernance local de la Covimof. Les comportements anthropiques vont s'heurter aux exigences de protection rationnelle de l'environnement, en application parfois timide des lois et mesures. Néanmoins, les stratégies de contrôle et de surveillance pourront accompagner le processus REDD+ futur ou subir des ajustements si et seulement si elles compensent les carences de régulation en termes de renforcement des capacités collectives et individuelles.

A – <u>Les régulations institutionnelles formelles : « le remote contrôle » de l'administration.</u>

La couverture systématique des FC devrait être assurée par les actions fiables de contrôle et de surveillance, permettant de fournir des données concernant la permanence

---

[78] Le critère de « **permanence** » désigne la nécessité que les réductions d'émission soient permanentes et non temporaires - exigence particulièrement problématique quant aux émissions forestières en raison de l'inversion possible des bénéfices carbone suite à des perturbations humaines ou naturelles (incendies, maladies, invasions de nuisibles, changement climatique). Au concept de permanence est associée la question fondamentale de la responsabilité (acheteur, vendeur, responsabilité conjointe, etc.) en cas de destruction ultérieure de forêts. Christoph Thies, Roman Czebiniak, 2008, Forêts pour le Climat, Un mécanisme hybride pour financer REDD, Greenpeace International 24 pages.

des projets communautaires. Mais tel n'est pas le cas. La Covimof est gérée en régie comme l'exige le manuel de procédure. Les activités de contrôle sont pour la plupart focalisées sur l'exploitation forestière ou l'administration effectue une sorte de contrôle à distance ; encore appelé le « remote contrôle » de l'administration.

1/ **Le différentes formes de contrôles**
a) **Le contrôle de l'exploitation forestière**

Les différentes activités quinquennales présentées dans le plan simple de gestion laissent à croire que la Covimof est l'espace d'exploitation forestière uniquement, qui nécessite un contrôle plus accru de l'administration en matière de conservation et de gestion durable des forêts. De même il y a beaucoup d'affirmations anecdotiques indiquant que les FC sont abusées à grande échelle par les individus influents, des hommes d'affaires et des députés à l'assemblée nationale, et cela avec l'appui technique et le soutien économique des sociétés forestières, dans les zones concernées (Troisième Rapport Global Witness 2005).

Si la Covimof a été créée pour la construction des œuvres socio-économiques issues des revenus de l'exploitation forestière, le contrôle qui s'y opère n'est pour autant de nature à garantir ou à permettre une gestion durable des forêts, ou une argumentation du stock de carbone (ce sont des dimensions de la REDD+).

En effet, le contrôle institutionnel en matière d'exploitation forestière est celui exercé par l'administration. Historiquement, le contrôle forestier est effectué depuis le décret n° 2005/099 du 6 avril 2005 qui a transformé l'UCC (unité central de contrôle, décret n °98/345 du 21 décembre 1998) en BNC (Brigade national de contrôle). Le nombre de contrôleurs est passé de 6 à 12 (central) et de 3 à 6 (provincial). En plus des délégations départementales impliquées dans la chaine de contrôle, les postes forestiers sont transformés en poste de contrôle forestier et de chasse. De même, depuis 2000, que les contrôles soient programmés ou de routines, spéciales ou tout simplement assimilés à une surveillance continue du patrimoine forestier, l'appui des observateurs indépendants reste assez manifeste. (Global Witness, Ressources Extraction Monitoring REM, et Agreco).

Dans la Covimof, le contrôle est assez distant et dépourvu d'intérêts, parce que la FC est gérée pour et par les communautés. Il est à ce titre intéressant de rappeler que l'Etat est également un acteur, qui a ses intérêts à défendre et où le système de contrôle est fonction des moyens de locomotion. Les faibles moyens alloués aux brigades régionales, délégations départementales sont très faibles. L'absence de motivation avec les suppressions de primes de risque a engendré un quasi absence des agents de l'administration forestière sur le terrain. (BNC, 2010). Cependant, le contrôle de l'activité agricole est quasiment inexistant, chaque groupe de villageois évoluent dans une dans une logique d'exploitation individuelle des terres.

b)-<u>Le contrôle inexistant de l'activité agricole</u>

C'est ici que vont se juxtaposer les dynamiques agraires et foncières qui ont toujours favorisé une accentuation de la pression foncière et fixation de l'agriculture dans un contexte où le développement des cultures marchandes sont la conséquence d'un individualisme capitaliste et d'une monétarisation de la terre. *« Cet accroissement de la pression foncière conduit les chefs de famille à adopter des pratiques d'anticipation afin de préserver un capital foncier à transmettre à leurs enfants »* (JOUVE, 2007). Ce capital foncier constitue pour le cas de la Covimof des terres de cultures, de plantations (cultures de rentes ou vivrière) et d'arbres fruitiers. Cette course à la préparation de l'héritage foncier préconise une mise en valeur des parcelles. La plupart des populations de la Covimof sont des agriculteurs et souhaitent passer le savoir-faire agricole à leurs futures générations. Les pratiques agricoles sont pour la plupart constituées de l'abattage des surfaces boisées, des feux de brousse et jachères (voir photo n°5). Ces habitudes culturales ne font l'objet d'aucun contrôle de la part de l'administration forestière. Il en va de même pour les services déconcentrés du MINADER dont l'on peut donner le mérite d'avoir susciter chez les populations de la Covimof une envie démesurée de se tourner vers l'agriculture en zone forestière, par le biais de la création des G.I.C agricoles. Permettre aux riverains d'une forêt de l'exploiter à des fins agricoles, pour que la sécurité alimentaire au niveau national[79] soit

---

[79] Le Gouvernement compte mettre l'accent sur le développement d'hyper extensions agricoles dans les différentes régions du pays selon leurs spécificités agro écologiques afin de réaliser des rendements d'échelle et d'accroitre substantiellement la production. Cette action sera accompagnée par une forte activité de désenclavement des zones de production pour permettre le plein épanouissement des plantations et productions paysannes. Document de Stratégies pour la Croissance et l'Emploi (DSCE), Cadre de référence de l'action gouvernementale pour la période 2010-2020. 174 pages

atteinte, a induit à négliger les formes de contrôles d'activités agricoles qui peuvent être nécessaire à la promotion de la gestion conservatoire[80] des écosystèmes forestiers. De plus, Après l'adoption en 2005 de la stratégie de développement du secteur rural et les résultats mitigés atteint lors de sa mise en œuvre, le Gouvernement entend lancer un vaste programme d'accroissement de la production agricole en vue de satisfaire non seulement les besoins alimentaires des populations, mais également des agro-industries. Dans ce cadre, il procèdera à la modernisation de l'appareil de production.

Photo N° 9 : Cas d'abattage et brulis d'une parcelle pour culture.

Source : Agoum Ghislain, enquête de terrain 2011

Lorsqu'une parcelle boisée est dépourvue de ces arbres, la nouvelle(A) est mise à feu (B). Les fumerolles(C) se rependent le long des espaces (D) encore à l'abri de toutes

---

[80] La conservation fait partie intégrante de l'application du REDD+.

actions humaines. Les débris d'arbustes et d'arbres (E) qui ont subi la chaleur des feux seront récoltés pour les besoins de commercialisation et les besoins de ménages.

2) **Les difficultés dans le contrôle administratif**

Depuis 2005, jusqu'à nos jours, le contrôle forestier a toujours essayé d'être à la hauteur des objectifs de la politique forestière camerounaise. Cette volonté a permis l'intensification du nombre de contrôle forestier, de la centralisation du contentieux, de la mise en place du SIGICOF, du contrôle accentué dans les petits titres (ARB/ AEB) et non les FC, du renforcement des relations avec les autres administrations, de la sanction des agents impliqués dans l'exploitation frauduleuse, de l'augmentation du recouvrement du contentieux. Cependant, avec SIGICOF qui n'est plus fonctionnel, le mauvais état des routes, l'insuffisance de collaboration avec les autres administrations, la problématique des petits titres et les procédures de déblocage des fonds plus complexe, le contrôle administratif subit des contraintes qui paralysent la brigade nationale de contrôle. Surtout lorsqu'il s'agit des titres comme la FC Covimof. De plus, le contrôle administratif comme l'exige le manuel est limité aux documents[81]. Ce faisant, la FC a été sujette à une mission de contrôle, par l'ONG REM, dans le cadre de l'opération « coup de poing » ou d'exploitation forestière illégale. Sans toutefois contrecarrer les stratégies de contrôle étatique, les modes de surveillance de nature traditionnelle peuvent renforcer l'exercice d'une politique d'amélioration et de renforcement du stock de carbone forestier.

B) **Le système de contrôle social traditionnel : la surveillance commune villageoise**

Malgré son intention de rééducation et de sensibilisation de la notion de gestion des forêts communautaires, le contrôle coutumier n'est exempt de difficultés.

1)- **La nature passive du contrôle coutumier des activités de la Covimof**

Comme celui institutionnellement mise en œuvre, le contrôle coutumier opère dans l'exploitation forestière et agricole.

---

[81] Conformément à l'article 32 (2) du décret N°95/531/PM, la surveillance de la forêt communautaire incombe à la communauté concernée. Elle consiste à rechercher, à découvrir et à dénoncer les éventuelles infractions auprès de l'administration forestière.

<u>**a)-Le contrôle de l'exploitation forestière**</u>

La faculté d'exploiter la Covimof en régie a été une opportunité pour les populations riveraines de s'intégrer totalement au développement communautaire du patrimoine forestier.   Pour atteindre cet objectif, le comité de gestion a développé une stratégie assez   restrictive qui, ne semble pas refléter la gestion d'un espace communautaire perçu et accepté par l'ensemble de la population. Compte tenu de l'implication très timide des riverains à la chose commune, le contrôle existe uniquement pour ceux qui ont accepté partager un patrimoine commun.

En effet, dans chaque village existe un surveillant délégué chargé du contrôle de sa zone. A l'intérieur de chaque zone, la surveillance peut être effectuée par tout membre adhérant de la Covimof et partageant les mêmes opinions concernant la notion de foresterie communautaire. Ceux ou celles qui réfutent à corps et à cris le nouveau modèle de gestion se constitue surveillant individuel ou à titre privé de leur propre parcelle et par conséquent évoluent en marge d'un contrôle traditionnel dépourvu d'un manque d'équipement. Non seulement, les grandes distances séparent les parcelles qui composent la Covimof. Mais la recrudescence des activités collectives et individuelles qui s'y opèrent font de la surveillance un véritable casse-tête chinois.

D'une part, le bruit d'une scie à moteur à une distance raisonnable peut être détecté par l'ouïe et être déterminer selon la quantité de décibel dégagée dans l'atmosphère. D'autre part, à côté de la reconnaissance sonore, certains patrouilles sont organisées périodiquement, de façon irrégulières et permettent dans la plupart des cas de découvrir des actions déjà passées ou même flagrantes (photos). Cependant, les membres de la Covimof s'activent sans matériels de protection (casque, bottes, boussoles individuels, etc.) ou moyens de communication, sous réserve d'une garantie de couverture de réseau. Pourtant, autour des activités agropastorales se dissimule une réalité autre de la surveillance communautaire.

<u>**b)-La surveillance des activités agricoles**</u>

C'est une surveillance d'une grande importance. Surtout dans la gestion des feux de brousse, après abattage éventuel des parcelles. En effet, l'ensemble des activités agricoles sont à titre individuel, tournées vers une société urbaine de consommation.

Cette fixation de l'agriculture, liée au développement des cultures marchandes, commerciales permet une montée de l'individualisme communautaire. Tous les espaces boisés subissent une agressivité débordante au péril des arbres sur pied (voir photo). Au sein de la Covimof, le contrôle de l'activité agricole reste peaufiner aux respects des limites naturelles. Ceci, n'a pas empêché, la surveillance villageoise quasi inexistant de se heurter aux caprices d'un agraire à l'heure de la conquête des marchés agricoles.

2)-<u>Les faiblesses du contrôle des exploitations agricole et forestière</u>

Les changements d'affectation de terres basés sur une agriculture itinérante. Essentiellement sur des cultures de rente (cacao) et vivriers (Macabo, plantain, manioc, etc.) où « *la durée de la jachère a commencé à diminuer si bien que l'on se trouve dans une situation de transition entre les systèmes de défricher, brûler et l'agriculture fixée* » (JOUVE, 2007)

Les contraintes à la surveillance des activités agricoles et d'exploitation forestière sont de nature complémentaire. Le premier des obstacles est le comportement réfractaire et hostile des populations à la chose communautaire. C'est-à-dire la perception même de la gestion d'un espace communautaire. La seconde, sur l'absence de communication entre les communautés de par les distances qui les séparent des centres de décisions communautaire (Faekélé2) administratif (délégation des eaux de Mbalmayo). La troisième est l'indifférence totale de l'existence du GIC Covimof, due foncièrement à l'inefficacité du processus de participation et d'implication (voir figure n°). La quatrième à l'absence des réalisations d'œuvres sociales et économiques et l'inéquitable partage des bénéfices qui, pousse la population à s'intéresser individuellement aux parcelles de cultures. Dans une logique d'amélioration des revenus.

A- <u>Les conséquences d'un tel contrôle : l'application de la loi forestière dans une perspective de mise en œuvre du REDD</u>

Dans un but de conservation, de gestion durable des forêts ou d'amélioration de stock de carbone de la Covimof, il sera impératif, voire nécessaire de promouvoir l'application de la loi sur la foresterie communautaire. En effet, la connaissance de loi sur la gestion des forêts communautaire reste encore un domaine réservé et inconnu par la population (voir tableau n°). En effet, les infractions, non clarifier dans le code forestier induit un certain nombre de conséquence au niveau du contrôle, et apportent un éclairage sur l'émergence des habitudes étrangères au futur mécanisme REDD+. L'exploitation illégale étant la principale conséquence à l'application problématique de la législation forestière. Une application rendue difficile avec la récurrence des infractions.

1) <u>Les infractions dénoncées dans la covimof</u>

Il y a beaucoup d'affirmations anecdotiques indiquant que les forêts communautaires sont abusées à grande échelle par des individus influents, des hommes d'affaires et députés de l'assemblée nationale, et cela avec l'appui technique et le soutien des sociétés forestières dans les zones concernés. En effet, la sous-utilisation des 90 scieries au Cameroun crée une forte demande de bois, qui ne peut être satisfaite par les seules concessions forestières attribuées par le MINFOF. En plus, les FC (avec un sup max 5 000ha) sont considérées économiquement très abordables et favorables au développement de l'exploitation illégale par conséquent le lieu des infractions. « *Avec la corruption des membres des communautés, le besoin des revenus communautaires, et manque de surveillance, les forêts communautaires font objet de beaucoup d'activités de coupe et d'enlèvement de bois avec la complicité des petits et moyens entrepreneurs et des comités de gestion des FC.* », (REM, 2005). Ainsi selon l'OI[82], on peut observer des cas où des FC ont permis des attributaires des ventes de coupe et d'autres à utiliser leurs titres pour blanchir des grumes illégalement coupées ailleurs.

Par ailleurs, la brigade nationale de contrôle (BNC) du ministère des forêts et de la faune (MINFOF) et l'observateur indépendant (REM) ont effectué une mission conjointe dans la forêt communautaire GIC Covimof. L'objectif était de confirmer les allégations d'exploitation frauduleuse au sein de ladite forêt. Les faits observés et les informations recueillies au cours de cette investigation ont permis de relever des violations de la réglementation forestière. Ces infractions ont été reconnues à l'encontre de la société SEF (Sami et Fils) :

---

[82] Organisation indépendante.

-Exploitation forestière non autorisée dans une forêt communautaire : elles consécutives aux activités d'exploitation menées par la société SEF à l'intérieur et au tour de la FC du GIC Covimof. Ces infractions sont prévues et réprimés par les dispositions de l'article 156 de la loi forestière de 1994.

-Marquage frauduleux des bois battus et fraude sur documents émis par l'administration forestière. Ces deux infractions, sont des corollaires à celles citées ci-dessus dans la mesure où les marques et documents utilisés n'ont pas été délivrés à la société incriminée en vue d'exploiter le bois en dehors de son titre.

2)-Impact sur un futur mécanisme REDD

Si l'on veut que les activités liées aux forêts aident à atténuer le changement climatique et s'y adapter, il faudrait déterminer l'obstacle à l'amélioration de l'application effective de la législation forestière (politique climatique dans le cadre du REDD) et établir des processus visant à donner des moyens d'action à ceux qui en sont dépourvus, notamment la population de la Covimof.

En effet, le contrôle des activités villageoises, pour le maintien des projets REDD devrait nécessiter ou s'appuyer sur une gestion des forêts transparente et solidaire, soumise à des mécanismes de contrôle de nature à promouvoir une sensibilisation paysanne et combattre les phénomènes de non permanence.

La gestion communautaire des forêts[83] et d'autres terres est d'une portée plus large qu'on ne le pense habituellement et elle est aussi plus étroitement liée à d'autres secteurs d'activité à l'instar des procédures de résolution des litiges forestiers. De tout temps, les populations autochtones ont conservées des liens étroits et solides avec la terre de leurs ancêtres et les ressources naturelles. Ces liens ont des aspects culturels, socioéconomiques et spirituels que le processus REDD+ ne doit pas ignorer. Le non prise en compte de ses différents aspects dans les futurs projets de GDF, de conservation pourra engendrer inéluctablement l'exploitation illégale et par conséquent perturber la permanence des activités d'atténuation. Bien s'inspirer des modes de résolution de litige afin de maitriser les violations des droits fonciers coutumiers, les

---

[83] Les forêts collectivement gérées ont pratiquement doublées dans les 15 années précédentes 200, passant de 143 millions à 246 millions d'hectares. (TFD, 2008).

contrats communautaires inéquitables et abusifs(dans le cadre des PSE par exemple) ou la spéculation foncière, la mainmise sur les terres et les conflits fonciers,(tels que ceux engendrés par des demandes concurrentes d'indemnisation pour un déboisement évité) seront des indicateurs à prendre avec beaucoup de rigueur et de réalisme.   La réussite du REDD+ en dépend, surtout dans un contexte Camerounais comme la Covimof où, malgré les procédures de résolution, les litiges ne cesse de foisonner le mode de vies des populations.

II- <u>La procédure de résolution des litiges : gangrène des responsables de la Covimof ou prérogative de l'administration compétente</u>.

Comme toute activité mettant en exergue la GDF, l'application du REDD+ sera une fois de plus évaluer par le niveau ou le degré de fonctionnalité du contentieux forestier. On entend ici par   fonctionnalité l'ampleur des litiges en cours, leurs modes de résolution, les instances saisies opportunément ou non, les résolutions prises et les degrés de satisfaction des parties en cause, selon les intérêts (divergeant ou convergeant).   Quelles sont les mécanismes de résolution des différends qui s'opère dans la Covimof ? Qui a compétence de fait ou de droit ? Y'a- t-il matière à pouvoir espérer à un schéma institutionnel d'un corps judiciaire pour garantir les différentes transactions des biens et services que pourra générer les futur activités REDD +?

A – <u>La résolution des litiges par la Covimof</u>

Les litiges forestiers sont la preuve que l'application de la loi forestière en termes de foresterie communautaire se trouve encore en phase de balbutiement. Les initiatives de résolution des litiges demandent que soient connues les forces et faiblesses des acteurs locaux dans les différentes phases du compromis. Elles peuvent rester dans un cadre assez restreint (l'amiable) ou solliciter l'avis d'institutions coutumières ou étatiques. Ces litiges, qu'ils soient de fait ou de droit sont respectés par les lois traditionnelles et modernes.

1)-<u>La procédure de l'amiable</u>

L'adage selon lequel « le linge sale se lave en famille » est ici, vu comme un principe sacrosaint. Il doit avec conviction guider les mœurs et l'éthique de la communauté. Celle-ci est composée d'un certain nombre de clans qui, ont dans une certaine période de l'époque formé une grande famille. En effet, la notion de lignée vient consolider l'image historique de solidarité qui a permis à une génération de préserver les limites naturelles de la forêt.

L'amiable est la volonté de la Covimof d'affirmer son dévolu sur la maîtrise d'un espace géographique dont l'identité culturelle reste acquise.

Ce mode de résolution de conflits concerne des infractions mineures vis-à-vis du PSG ou de la convention de gestion commises par des membres de la communauté conformément aux dispositions du statut de la Covimof (article 6 alinéa. C du manuel). Le fait que les litiges soient résolus exclusivement à l'intérieur d'un espace communautaire relève d'une conscience locale. Bien que l'entente collective et la solidarité entre les frontaliers d'une parcelle passe inaperçues, il a été toutefois relevé que la procédure à l'amiable tendance à ne pas être acceptable par tous et fait l'objet d'un abus de solidarité ou d'un cas de mauvaise foi. Ce qui légitimement ouvre les vannes aux mécanismes de résolution coutumiers.

2)-<u>Le tribunal coutumier : le recours au conseil villageois</u>

Ici, le litige n'est plus la seule affaire des deux parties en cause. Le recours aux notables c'est à dire aux conseils villageois est accompagné du vin rouge d'une capacité de 20L chacun et une chèvre pour chaque notable. L'appel de ceux qui ont la maîtrise reconnue de l'espace forestier et des différentes limites à l'intérieur des parcelles, nous permet de préserver l'importance accordée à la représentation mentale du terroir. Entre le recours au conseil villageois, qui exige des coûts de transaction (achat vin et chèvres selon le nombre des interlocuteurs) et l'amiable, le litige se trouve parfois vider de tout compromis. A ce stade, il est porté devant l'administration compétente.

B)- <u>La résolution des litiges par l'administration compétente</u>

Quelle que soit la nature des conflits en cours dans la Covimof (voir tableau ci-dessus), l'intervention de l'administration territoriale, de la Délégation Départementale forêts de Mbalmayo et les tribunaux compétents peuvent permettre de mesurer le potentiel du contentieux forestier en cours.

Tableau 17 CONFLITS ET MECANISME DE RESOLUTION EN COURS AU SEIN DU GIC COVIMOF

TYPES DE CONFLIFS	CAUSES OU ORIGINE	PROCEDURE DE RESOLUTION	OBSERVATION
LITIGE ENTRE GICCOVIMOF ET EXPLOITANT PRIVES (partenaires économique)	Retard des règlements financiers (créances) Non-respect des cahiers de charge, utilisation frauduleuses des documents administratifs.	Poursuite judiciaire	Les arbres sont débités et stockés aux différents sites d'abattage. Non-respect des obligations contractuelles.
Litiges entre LE GIC COVIMOF et l'Etat	-Procédure complexe de retraits des documents administratifs (renouvellent des lettres de voitures, retrait des autorisations d'enlèvement du bois. -Non-respect du plan simple de gestion ou convention de gestion.	-Poursuite extrajudiciaire par le délégué des eaux et forêts (article 136 du décret de 1995 et 141(1) de la loi de 1994). - Négociation article 8(1) du Manuel de procédure des forêts communautaires	
LITIGE ENTRE POPULATION ET comité de gestion DU GIC COVIMOF	-Absence de réalisation socioéconomique (point d'eau, routes, écoles, électricité. -Partage de bénéfices	NON RESOLUT	
Litige entre les populations du GIC COVIMOF	-Non-respect des limites des parcelles (problèmes fonciers) -Mauvaise foi des populations	-AMIABLE -Recours à l'administration compétente	

<u>SOURCE</u> : AGOUM Ghislain, 2011

Les litiges sont de quatre ordres : litige entre le comité de gestion et les exploitants privés, litige entre le GIC COVIMOF et l'Etat, litige entre la population et comité de gestion du GIC COVIMOF, litige entre les populations du GIC. A chaque type de conflits correspondent des acteurs et des enjeux spécifiques. Les procédures de résolutions sous-tendent les causes et ne sont pas toujours susceptibles de produire les effets escomptés. En effet, l'origine du litige peut être déterminée. Mais malgré la connaissance du mode de résolution, aucune action n'est envisagée.

INTEGRATION DES MECANISMES DE CONTROLE DES ACTIVITES DES PARTIES PRENANTES DANS LE TRAITEMENT DES PHENOMENES DE NON PERMANENCE

L'objectif ultime du mécanisme REDD+ est de limiter et non pas de stopper les émissions de carbone dans l'atmosphère. Une action dédiée à l'arrêt complet du dégagement du gaz carbonique dans l'atmosphère relève de l'utopie. Mais une considérable réduction des émissions peut être envisagée au dépend de la gestion de certains risques. Ces risques représentent des éléments forts crédibles qui conduisent inéluctablement à une situation de non permanence.

D'une part, il existe des risques non anthropiques c'est-à-dire des risques liés à l'action naturelle : risque écologique (incendies[84] ou feu de brousse, tempête, sécheresse, épidémie etc.), risque climatique (risques liés aux événements climatiques). D'autre part, des risques anthropiques c'est-à-dire des risques liés à l'action de l'homme comme la demande de produits agricoles sur le marché national, l'échec des projets partenaires, à l'implication des parties prenantes au contrat de vente des crédits carbone, des mécanismes d'assurance liés à la gestion des responsabilités contractuelles[85](Dutschke, 2009).

La question clé est de savoir comment assurer qu'une forêt sauvée aujourd'hui ne sera pas abattue demain (Macey et al, 2009). Cette question peut tout d'abord et surtout être abordée à travers le système de contrôle de l'accès à la ressource forestière et les modes de résolution des conflits qui s'y trouvent. Premièrement, le contrôle est synonyme de régulation des activités forestières et agropastorales. L'exemple de la

---

[84] Greenpeace n'a trouvé aucun élément indiquant l'existence d'une réserve carbone ou d'un fonds régulateur, hormis un coefficient réducteur (ou discount) de 5 % supposé compenser les émissions de CO2 liées à d'éventuels incendies.

[85] Une comptabilisation temporaire, L'approche qualifiée « d'approche des tonnes par an, Crédits régulateurs pour le projet, Mise en commun des risques, Assurance et Responsabilités partagées ou partenariats pour respecter les obligations en matière forestière (FCP) Michael Dutschke en collaboration avec Arild Angelsen, 2008, Comment garantir la permanence et déterminer les responsabilités ? In Faire progresser la REDD Enjeux, options et répercussions, CIFOR, 206 pages.

COVIMOF démontre ce que pourra devenir un projet REDD si les mesures de surveillance et de contrôle sont négligées. Deuxièmement, les conflits présentent une forme anthropique de risque de non permanence. Elle met en exergue une typologie de responsabilité commune ou différenciée entre les protagonistes. Cette gestion de responsabilité dépend des institutions judiciaires locales comme étatiques dont la mission est la promotion de la reddition des comptes

Néanmoins, les considérations de risques de permanence liés à la gestion des responsabilités impliquent une multitude parties prenantes. Ces considérations concernent dans la plupart des cas l'assurance et la garantie du transfert de crédit carbone. Garantie dans le cas où la permanence fait référence au renforcement de la loi sur la protection des forêts, la clarification des droits coutumiers, la création d'un cadre institutionnel incitatif qui amène les communautés à ne plus couper les arbres. Par contre, les mécanismes d'assurance[86] permettent en cas d'absence de crédits carbone (non permanence) de générer les utilisations de crédits temporaires, transfert des crédits et débits d'une période d'engagement vers une autre, partage de responsabilité entre le vendeur et l'acquéreur de carbone ou réduire les incitations financières futures pour prendre en compte les émissions de la déforestation au-delà du niveau accordé.

---

[86] Les options d'assurance pourraient inclure : un système d'assurance, où une compagnie d'assurance remplacerait les crédits perdus ; un facteur d'escompte où les réductions seraient plus élevées que les unités de mise en conformité utilisées pour les financer. (Macey K., et al 2009)

Il était question dans ce chapitre de savoir les mécanismes de régulation de l'accès à la ressource forestière sont-ils de nature à lutter contre l'exploitation illégale des forêts et à parvenir à une effective résolution des **contraintes de non permanence** qu'impliquent les futures activités REDD+? L'objectif spécifique était de montrer comment le jeu entre les mécanismes institutionnels de régulation et la diversité d'intérêts des groupes d'acteurs influence l'effectivité d'application de la législation forestière et génère un niveau d'exploitation conflictuel de nature à hypothéquer la permanence d'un éventuel projet REDD+ dans le GIC COVIMOF. L'hypothèse stipulait que l'exploitation illégale, les mécanismes de contrôle et les modes de résolution des conflits constituent des contraintes qui affaiblissent la permanence de futures activités REDD+ au sein du GIC COVIMOF.

En effet, tout au long de ce chapitre, nous nous sommes servis des données de terrain obtenues dans le site d'étude pour élaborer les tableaux, les photos ainsi que des données obtenues des enquêtes dans les ménages.

Au bout du compte, nous avons affirmé que la permanence des activités de réductions des émissions peut également dépendre des stratégies de contrôle et de surveillance de l'accès à la ressource forestière commune. Ces stratégies exposent en filigrane les conflits comme contraintes à l'amélioration du stock de carbone à long terme.

CHAPITRE V : PROPOSITION D'ADAPTATION DES SYSTEMES LOCAUX DE GESTION DU GIC COVIMOF AUX OUTILS DE LUTTE CONTRE LES CHANGEMENTS CLIMATIQUES : CONTRAINTES ET OPPORTUNITES POUR LA PERMANENCE DES PROJETS REDD+

Aujourd'hui, le défi à concevoir une stratégie de gestion durable des forêts par les communautés relève d'un geste assez audacieux. Il repositionne le gestionnaire de l'environnement dans un nouvel élan de conciliation entre protection de la biodiversité et satisfaction du bien-être économique et social par le bas. A priori, malgré le vent de réforme de 1994, induite en amont par les accords internationaux, l'implication des populations aux systèmes de gestion des écosystèmes forestiers n'a pas été entièrement acquise. Actuellement, la préparation du post-Kyoto, l'après 2012, par le canal du processus REDD+ s'est inscrit dans une phase de ré schématisation de la gouvernance forestière camerounaise. Celle-ci a été un outil qui a permis de déclencher la participation réelle des populations autochtones. Cependant, il n'en demeure pas moins qu'on soit buté sur un processus inachevé devant une futur application de la REDD+. Ce dernier étant un processus qui engendre des questions techniques et méthodologiques contraignantes. Ce qui nous a conduit, dans ce chapitre à poser la question suivante : comment surmonter **les contraintes de fuites, de non additionnalité, de niveau de référence (base line), de fuites et de non permanence liées à la mise en œuvre de la REDD+** au sein du GIC COVIMOF à travers la promotion des nouvelles pratiques politique, institutionnelle et socioéconomique qui répondent aux exigences du marché carbone ? A cet effet, nous pensons que l'implémentation du futur mécanisme REDD+ au sein du GIC COVIMOF nécessite un traitement progressif des faiblesses et fragilités institutionnelles, politiques et socioéconomiques à tous les niveaux de gestion qui permettrons la résolution des problèmes de non additionnalité, de niveau de référence (base line), de fuites et de non permanence. Etant donné que pour mieux surmonter ces contraintes liées à la mise en œuvre de la REDD, Il faudra mettre en exergue les potentialités des acteurs à s'approprier des alternatives institutionnelles, politiques et socio-économiques liées aux exigences du mécanisme REDD+. Pour y parvenir, nous nous sommes servis des données institutionnelles et juridiques déjà acquise au niveau national. Les contraintes de gestion étant liées.

En effet, l'application effective de la REDD+ appel d'abord à l'identification des parties prenantes pour une mise en œuvre des bénéfices et Co-bénéfices et à une clarification de la propriété foncière, préalable à la conception d'un droit carbone. Ensuite un système de partage équitable des bénéfices à la lumière des critères 3E+. Enfin, à la création des facilités de nature à booster un éventuel cadre méthodologique, institutionnel et politique tant sur le plan national qu'infranational.

<u>Proposition d'une matrice de partage des bénéfices</u>.

Afin de rendre réaliste les activités REDD+ du côté des populations forestières, il faudra au préalable asseoir et prouver l'existence d'un engagement des différents acteurs recensés. Premièrement, la mise en œuvre d'un processus de coordination et de participation devra aboutir à une identification et un enregistrement des propriétaires de parcelles. Ce qui renforcera le système de contrôle des activités forestières de la Covimof. Deuxièmement, concevoir une ébauche de carte, qui fournira un aperçu des droits coutumiers et une matérialisation des limites telles que perçu par les communautés.

A- <u>La mise en œuvre d'un processus de coordination et de participation</u>.

Si la Covimof se présente finalement comme un espace sans réalisation socioéconomique à la base, c'est tout simplement le signe d'une absence de coordination des activités. Ce manquement empêche en filigrane la participation des populations et par conséquent peut provoquer des frustrations et des élans de révoltes de certains individus à l'égard des affaires communautaires.

1)- <u>La coordination des activités de la Covimof</u>

Une coordination bien élaborée peut renforcer les capacités de la Covimof à s'organiser. Afin de répondre aux besoins sociaux économiques et environnementaux, sans pour autant hypothéquer les ressources forestières. Une application du futur mécanisme REDD+ requiert une évaluation de l'ampleur et de l'importance du potentiel de coordination de la communauté ; par les critères 3+ (efficacité, efficience et équité).

<u>L'efficacité</u> : la capacité pour la Covimof d'atteindre les objectifs convenus

Les objectifs assignés par la FC, depuis sa création à savoir la réalisation des œuvres sociales et économiques ont fait long feu. Cette incapacité managériale d'atteindre les objectifs convenus traduit une faiblesse énorme au niveau du système entrepreneurial de la communauté. En matière d'additionnalité, le volet gestion durable des forêts de la REDD+ devra s'appuyer sur ce système managérial.

En effet, la faiblesse du système entrepreneurial réside essentiellement dans le statut juridique de la forêt Covimof. L'entité GIC qui a été choisi dans le but de gérer la forêt présente des lacunes en termes de développement. Dans une logique d'investissement, l'édification de la FC sur le fonctionnement d'une entreprise sociale en l'occurrence **la société en nom collectif (S.N.C)** pourra redynamiser les niveaux de coordination des activités. En claire, la FC devrait être créée sous la forme d'une société commerciale communautaire (SNC) où les associés seront constitués en particulier des titulaires de parcelles terriens qui composent la Covimof. Ces derniers pourront attirer les investisseurs aux fins d'extension de l'espace forestier au prorata des bénéfices sociales, économiques et environnementales collectivement convenus. Le REDD+ étant considéré comme une opportunité d'affaire, la FC au même titre que les autres entreprises sociales devra contenir l'ensemble des aspects techniques et juridiques intervenant dans la création et le fonctionnement de la S.N.C selon l'acte uniforme relatif au droit des sociétés et G.I.E. (art. 270). Cette nouvelle entité juridique pourra accompagner la FC en termes d'efficience.

<u>L'efficience</u> : la Covimof devra atteindre ses objectifs à moindre coût

Pour que les objectifs, (constructions des écoles, églises, points d'approvisionnement en eau potable) parallèlement aux activités REDD+ soient atteints, à moindre coût, il faudra définir les compétences des uns et des autres et promouvoir le culte de la reddition des comptes. En effet, tout commencera par la constitution du capital forestier composé des apports en numéraire et surtout en nature et en industrie selon l'article 4 de l'acte uniforme sur les sociétés qui stipule que :« *la société commerciale est créée par deux ou plusieurs personnes qui conviennent, par un contrat, d'affecter à une activité des biens en numéraire ou en nature, dans le but de partager les bénéfices ou de profiter de l'économie qui pourra en résulter. Les associés s'engagent à contribuer aux pertes dans les conditions prévues par le présent acte uniforme ».* Les apports en numéraire représentent les sommes volontairement versées par les populations associées. Les apports en capital, les différentes parcelles apportées par chaque titulaire de parcelles constituant la Covimof et les apports en industrie l'ensemble des connaissances traditionnelles sur les limites, les changements des pratiques ou les restrictions d'usage des terres.

Seuls les propriétaires de parcelles constituant la Covimof pourront se constituer en associés et prétendre aux bénéfices (selon les parts sociales) et Co-bénéfices (activités REDD+, réduction de la pauvreté). Il sera donc judicieux de mettre en œuvre des comportements d'équité.

<u>L'équité</u> : la satisfaction des populations, des communautés au nom d'un bien collectif, la S.N.C COVIMOF

C'est le véritable point de chute de toute coordination réussite. Une question sans doute la plus délicate, car elle suppose des jugements au regard des principes éthiques (Karsenty 2010). C'est ici que réside donc l'analyse du coût d'opportunité par l'évaluation des différents apports qui ont permis la constitution de l'entreprise sociale FC Covimof. Cette évaluation devra se faire par un comité mixte composé des gestionnaires domestiques de la FC et des groupes issus de l'administration et de la société civile (ONG). Après l'évaluation des apports, les coûts de transaction devront visiblement ressortir. Il restera l'ensemble des bénéfices tirés par les ménages qui peut se résumer aux différentes tendances des populations de la Covimof à se tourner vers des activités autres que les facteurs de déboisement. En outre, compte tenu de la difficulté qui persiste dans la production des données de chaque ménage ou famille, une analyse coût-bénéfice doit être effectuée. Cette analyse n'est valable uniquement pour celle ou celui possédant une parcelle à l'intérieur de la Covimof. Ainsi, leurs participations sera déclenché selon les différents apports en présence, de quelle que nature que ce soit.

2)- <u>La participation des « propriétaires terriens associés » constituant la Covimof</u>

Pourquoi participer à une action collective ? Selon qu'on est titulaire de la personnalité juridique, qu'elle soit morale ou physique l'intérêt est le vecteur directeur de tout processus de participation. C'est ici que doit s'effectuer une information et une sensibilisation liées aux activités REDD+. En effet, il est question ici de se poser deux question principales : qu'est-ce que le REDD pour les communautés de la Covimof ? Quels sont les avantages des populations avec l'application de ce futur mécanisme ? Pour la cause, il est particulièrement important que toutes les parties prenantes en l'occurrence la population de la Covimof comprennent le bien fondé des activités et les exigences des initiatives de carbone forestier, qu'elles soient conscient à la fois des bénéfices et des risques potentiels et puissent prendre des décisions éclairées quant à leur participation.

B)- <u>Identification des parties prenantes et enregistrement des propriétaires terriens</u>

Après identification des parties prenantes, on pourra procéder à leur enregistrement qu'elles soient de faits ou spécifiques.

1)- <u>Identification des parties prenantes</u>

Tout individu, groupe d'individu, organisation qui influence la réussite d'un projet est partie prenante dudit projet. Certains, pourront systématiquement revendiquer un droit de propriété sur les crédits carbone. Mais, il faudra pour chacune comprendre les enjeux de leur adhésion ou de leur indifférence à l'initiative REDD+. En effet, selon l'ONF international(2011), il existe deux types de partie prenante. D'abord celles qui le sont «de fait» parce qu'elles se trouvent, travaillent ou influent sur la zone ou dans la région du projet et ce, indépendamment de la mise en œuvre de celui-ci. Dans le cadre de notre étude, il s'agit de Mobil bois, CEB, populations locales, GIC agricoles, CED/ FODER, Délégation départemental des forêts de Mbalmayo, tribunal de grande instance, Sous-préfet. Ensuite, les parties prenantes spécifiques c'est à dire celles qui devront être mobilisées en plus des parties prenants de « fait », pour garantir la réunion de toutes les compétences nécessaires à la réussite du projet (bureau d'étude, groupes de recherche, investisseurs etc.)

Cependant, l'identification des populations propriétaires comme étant titulaire effectif des droits coutumiers préalablement reconnus devrait se baser sur un processus généalogique complet. Pour la cause, le tableau ci-dessous présente un essai d'identification des parties prenantes au sein de la Covimof. C'est un prélude à l'aboutissement d'un planning participatif. La plupart des parties prenantes sont de fait au regard des différents intérêts en cours.

Tableau N°18: **Essai d'identification des parties prenantes au sein de la Covimof**

Parties prenantes de fait	Parties prenantes spécifiques
° Populations constituant la Covimof ° GIC agricoles ° Mobile Bois, CEB ° Délégation Départementale des forêts via la sous-direction des forêts communautaires	° Entités techniques et logistiques ° Investisseurs ° Bureau d'étude, groupe de recherche et ONG chargée de développement

Source : Agoum Ghislain, 2011

En effet, l'identification se fera par la méthode dite CLIP (Collaboration and Conflict, Legitimacy, interest , power) qui permet de définir les profils des parties impliquées. Ce type de structure organisationnel permettra :

-De clarifier quelles personnes sont impliquées dans le projet REDD+, et les quelles peuvent avoir une influence quelconque sur son échec ou son succès.

- De clarifier les fonctions et les rôles de toutes les personnes impliquées.

- De localiser les conflits réels et potentiels et d'identifier les fragilités organisationnelles, les risques structurels et les sources de problèmes risquant de passer inaperçues.

Certes, cette phase d'identification aboutira à un processus de partage des bénéfices. Mais avant tout, il serait plus subtil de constituer certaines informations nécessaires à la procédure d'enregistrement des propriétaires de chaque parcelle constituant la Covimof.

2)- <u>L'enregistrement et la reconnaissance des propriétaires terriens : redynamisation du système de contrôle des activités forestières</u>

Après identification des parties prenantes, une attention doit être accordée sur les propriétaires terriens. En effet, chaque partie prenante (exclue la communauté) devra s'acquérir de l'ensemble d'informations concernant les différents associés constituant la Covimof. Ces informations peuvent rassembler entre autres l'étendue de leur droit coutumier, la superficie de la parcelle du propriétaire correspondant, le niveau de connaissance sur les activités REDD+, leur attente face au projet, le niveau d'instruction et si possible leur revenu mensuel ou semestriel issus de leur principal activité (agriculture, exploitation forestière légale ou illégale et commerce des produits agricoles). Et c'est l'ensemble de ces indicateurs qui formera une base de données préalables. Sans cette base de données, aucun enregistrement ne pourra être valides activités et fiable. Donc, au fur et à mesure que les activités seront recensées et classer par catégorie de renonciation, la reconnaissance des propriétaires par le biais de leur engagement permettra par exemple de financer en priorité les changements des pratiques agricoles et la diversification de l'économie locale. Mais, cette dépendra des engagements contractuels de la population à se détournée des facteurs de la déforestation.

C)- <u>Arrangements spécifiques entre la Covimof et les gestionnaires de projets</u>

C'est ici qu'on devra évaluer l'ampleur de la participation aux activités REDD+. D'une part, la population de la Covimof devra passer un engagement écrit où ils cèdent leurs parcelles en renonciation de leur droit d'usage, d'exploitation forestière ou d'usufruit en contrepartie d'une compensation dument préétablie. D'une part, les arrangements peuvent aboutir à une nouvelle forme de convention de gestion ou d'amélioration du stock de carbone. Ces compromis pourront faire l'objet d'une contractualisation de crédits carbone ou contrat d'achat de réductions d'émissions vérifiées (CAREV ou Emissions Reduction Purchases Agreement-ERPA) à la lumière de la législation camerounaise sur les contrats civils et commerciaux. Quelle que soient leurs particularités, les contrats de vente de crédits doivent porter les mentions suivantes :

1-La responsabilité du vendeur (du service environnemental) et de l'acheteur, surtout en cas de délivrance de crédits.

2-Les conditions de livraison des crédits

3-Le prix de vente

4-La nature de la vente, indirecte ou par intermédiaire (Chenost . C et Al, 2010)

Cependant, pour que ces ventes aient lieu, il faudra absolument résoudre l'épineux problème de la propriété du carbone. Surtout lorsqu'on sait que le régime des forêts communautaires au Cameroun a constitué un transfert de la propriété des ressources sans celle du fond (Milol,   )

I-   **<u>Proposition d'une élaboration de la propriété des crédits carbone</u>**

C'est un exercice assez complexe dans la mesure où le droit forestier camerounais limite l'implication des populations dans la gestion des ressources naturelles à un rôle de possession, ou alors d'usufruitier (article 37, loi 94/O1 ; article 27, décret 95/531). En effet, d'après Regan (2011), chaque pays devrait établir sa propre législation. Il va falloir définir les droits du carbone forestier lesquels dépendra dans une large mesure de l'existence d'un cadre légale sur la propriété des ressources naturelles. Ce besoin d'établir ce type de droit selon Rosemary (2011) sera basé sur l'identification de certaines tenures sur la forêt. Il met en exergue le droit des communautés qui sont finalement le résultat d'une tenure sur la ressource. En plus, les projets REDD+ sont des projets forestiers soumis à des systèmes juridiques et politiques auxquels le pays hôte devrait s'adapter et se conformer. Malgré que les cadres juridiques et stratégiques soient en cours d'élaboration et de négociation au niveau international, la clarification des droits coutumiers des populations de la Covimof est envisageable à travers le droit foncier et le droit forestier. Ensuite se dégagera les caractéristiques de la propriété carbone qui pourra aboutir à un éventuel mécanisme de partage de bénéfice.

A- <u>La clarification des droits coutumiers des populations de la Covimof</u>

Parmi les points qui ont été formulé par l'International Indigenous Peoples'forum on climate change (IIPCC) en 2009, les principaux intérêts des communautés dans le cadre de la CCNUC y compris des négociations sur la REDD+ sont mentionnées. Ceux de la reconnaissance et du respect des droits des communautés locales, en particulier les droits relatifs aux terres, aux territoires et à toutes les ressources, conformément à la déclaration des droits de l'homme a permis d'ouvrir le débat sur la clarification des droits coutumiers. La vulnérabilité des peuples autochtones aux effets de changements climatiques est largement déterminée par la mesure par laquelle tous les droits sont reconnus et garantis (Fincke UICN, 2010). Cette vulnérabilité est renforcée par une reconnaissance hypocrite des droits ancestraux et coutumiers. La réalité de la Covimof n'est pas différente. Afin de répondre aux attentes de la futur REDD+, il faudra s'exprimer en cas d'absence d'immatriculation et d'existence du titre foncier.

1- <u>L'immatriculation de la Covimof : une possibilité d'assise foncière</u>

Les écrits pouvant faire l'objet d'une procédure d'immatriculation sont logés dans les textes de l'ordonnance N°74/1 art.16 à 18 et du décret N°76/166 du 27 avril 1976 fixant les modalités de gestion du domaine national. En effet, dans le cadre d'une « gestion autorisée » du domaine national dont la Covimof constitue un exemple, les collectivités coutumières ; leurs membres et toutes les autres personnes de nationalité camerounaise qui, au 5 août 1974 occupaient et exploitaient paisiblement les terres du domaine national doivent continuer à les exploiter ou à les occuper. Ils pourront sur leur demande y obtenir des titres de propriétés appelé titre foncier (art. 17 ord. N°74/1). Sur cette base, les propriétaires du crédit carbone généré par le projet deviennent les individus qui possèdent des parcelles à l'intérieur de la FC. Ayant qualité de propriétaire du foncier, ils bénéficieront des attributs liés au titre foncier-TF- à savoir son caractère définitif, sa nature inattaquable et intangible (art. 1 du décret N° 76/165 fixant les modalités d'obtention du TF). A ce titre, les propriétaires terriens de la Covimof qui pourront revendiquer tout ou partie du carbone séquestré, en fonction des apports d'autres intervenants au projet.   Par contre, dans un contexte d'absence d'immatriculation, le scénario serait différent. Si la création de la Covimof ne confère pas de titre de propriété du sol aux populations, alors des trois attributs de la propriété, ils ne disposent que de l'usage (*usus*) et du droit de jouir des bénéfices (*fructus*). Donc ne dispose pas du droit de disposer (*abusus*) et ne peuvent pas disposer de l'espace à leur guise. Ainsi une proposition de la propriété carbone peut se situer au niveau de l'étendu du droit d'usage et du droit de jouissance.

2- <u>L'inexistence du TF : l'exercice ou la renonciation du droit d'usage et de jouissance</u>

a) <u>Le droit d'usage</u>

C'est un droit réel temporaire (la gestion est organisée et limitée dans le temps par un plan simple de gestion susceptible d'être stoppé par une décision administrative) conféré aux populations forestières par la loi de 1994. Elle leur confère le droit d'utiliser un bien immeuble (l'arbre) qui appartient à autrui (l'Etat), dans les limites de leurs besoins et ceux de leurs familles. C'est dire que, suivant la logique de Bigombe (2007), la propriété de la Covimof se limite à l'exploitation, l'utilisation et la valorisation des ressources forestières.

En effet, dans le cadre du droit d'usage, la Covimof ne peut céder, ni louer la forêt à autrui. Ce type de droit n'interfère pas sur le droit de propriété carbone, puisque les bénéficiaires de ce droit d'usage ne pouvant percevoir qu'en nature les fruits fournis par le terrain. De ce fait, la communauté ne peut donner ses parcelles en bail à un tiers. Elle ne peut donc se voir reconnaitre la propriété des crédits carbone, sauf en contrepartie de la renonciation de leur droit d'usage. Les membres de la communauté

Covimof pourront exiger compensation s'ils ne peuvent plus jouir de ce droit du fait de la mise en œuvre du projet Redd+.

b)- <u>L'usufruit</u>

C'est un droit qui permet à la communauté de jouir des biens meubles et immeubles. La propriété et la charge d'en conserver la substance revient à l'Etat. Ce dernier n'a que transféré l'usufruit et à continuer à garder les pouvoirs de contrôle sur la forêt, en donnant un droit réel temporaire. La propriété carbone dépendra ainsi de l'étendue de l'exercice du fructus. Dans la mesure où le carbone piégé par les feuilles des arbres constitue des biens meubles incorporels

B)- <u>Caractéristique de la propriété des crédits carbone</u>

Les populations de la Covimof peuvent jouer un rôle essentiel dans le cadre des projets REDD+ s'il existe une institution bien établie en la matière. Cette communauté peut être impliquée comme partie prenante dans la réalisation du suivi et bénéficier directement de la rémunération des crédits carbone. « *C'est pourquoi, avant toute négociation de contrat mettant en jeu des crédits carbone, il appartient aux développeurs de projet de répondre à la question de l'appartenance des crédits carbone* » (Chenost C. et Al, 2011). Tout d'abord, la propriété carbone se réalise en étudiant la qualification juridique nationale des crédits carbone. Ensuite la détermination des éventuels titulaires des droits sur les arbres et les fruits.

1)- <u>La qualification juridique des crédits carbone dans un contexte sous national</u>

De prime à bord, les crédits carbone sont des instruments sui generis, crées soit par des instruments du droit international (protocole de Kyoto, Accords de Marrakech), soit par des initiatives volontaires privées (VCS). Pourtant ni l'article 12 du protocole, ni ces accords ne règlent le statut juridique des crédits carbone. Il en est de même pour les initiatives volontaires, parce que relevant de la sphère privée et ne saurait se substituer au législateur.   Par conséquent, dans le silence du droit international, il est essentiel de référer au droit national pertinent. Ainsi à l'absence d'une détermination par le R-PIN (Readiness Plan Idea Note) du Cameroun, le droit national dont il s'agit peut-être le droit relatif à la gestion des ressources naturelles en particulier la gestion des forêts communautaires, les droits civil et commerciaux pour les contrats de ventes, droit des obligations, le droit foncier forestier.

a) La définition du droit carbone / carbone forestier

L'Etat Camerounais n'a pas encore définit le droit du carbone. Pour l'instant l'Australie est l'un des premiers pays à définir ce type de droit. Le droit carbone se résumant au droit au carbone séquestré, droit au carbone du sol, et au droit sur les forêts. Pour Lisa Ogle, (2011), le droit carbone constitue une forme de droit de propriété qui assimile le carbone séquestré à un produit, une commodité de nature commercialisable. Ce type de droit peut être crée par contrat (dans le cadre d'un projet) ou à travers une législation (influencer parfois par une réglementation internationale). La S.E.S (Social and Environmental Standards, 2011) l'envisage par contre comme un droit à s'engager par un contrat ou de réaliser des transactions nationales ou internationales pour le transfert de la propriété des réductions ou des absorptions d'émissions de gaz à effet de serre et pour la préservation des stocks de carbone.

b) La nature juridique du droit carbone

Dans un contexte camerounais, le droit carbone peut ressortir du droit privé comme du droit public.

-Le carbone est un bien public parce que résultat d'un processus biologique de stockage : la fonction chlorophyllienne. Il est qualifié dans ce cas de ressource naturelle. Le droit au carbone séquestré, à celui du sol et le droit sur la forêt appartiennent à l'Etat.

-Dans le cadre d'une FC, où une partie du droit de propriété est transféré, le carbone peut être perçu comme un fruit naturel de l'arbre (planté ou non par les communautés.

Traditionnellement, les fruits sont perçus par le propriétaire du bien qui les produits, conformément au droit de jouissance qui constitue l'un des trois éléments du droit de propriété (fructus). Cependant, au regard de l'article 37(3) de la loi de 1996 (les produits forestiers appartenant entièrement aux communautés), la propriété s'étend sur les ressources ligneuses, non ligneuses, fauniques, halieutiques ainsi que les produits spéciaux, à l'exception de ceux interdits par la loi. Par extension, si le carbone fait partie des produits forestiers spéciaux ou autorisés, le droit au carbone appartient à ceux qui verront un impact potentiel du programme REDD+ sur leurs droits. Et prétendront aux prérogatives des propriétaires de crédits carbones.

2) <u>Les éventuels propriétaires des crédits carbones</u>

Au moment où le titulaire des droits sur les arbres et les fruits est difficilement établi, on pourra se pencher sur les contributeurs à la production du carbone (c'est à dire ceux participant à la chaine de production).

a) <u>Le propriétaire des crédits est celui qui a le droit sur les arbres et les fruits</u>

Du fait que la Covimof est situé sur le domaine national et pas encore entamée la procédure d'immatriculation collective, le propriétaire des crédits peut être le propriétaire foncier c'est-à-dire de l'Etat. Ce dernier est le principal titulaire des droits sur l'arbre et leurs fruits. Par contre, en s'inscrivant dans la logique du gouvernement camerounais à renforcer la participation des populations locales à la gestion des ressources forestières, les droits réels (fructus et usus) peuvent être considérées comme le droits sur les arbres et les fruits. Les propriétaires de l'espace Covimof sont les éventuels propriétaires des crédits parce que titulaires du droit d'usufruit. Le droit d'usage n'accordant des fruits qu'en nature ne peut être susceptible de propriété de crédit carbone, sauf en contre partie de sa renonciation.

b) <u>Le propriétaire des crédits carbone est celui qui contribue à sa production</u>

Le mécanisme REDD+ est une approche holistique de gestion de forêts avec absorptions du stock de carbone. Il génère un ensemble d'activités nécessitant des coûts de réalisation et de suivi. Seule la Covimof, ni l'Etat ne peut y parvenir. C'est un processus multi acteurs de conservation qui intègre par sa complexité, de la base en amont une chaine de production carbone. Chaque maillon de la chaine étant détecté comme propriétaire du crédit carbone. En effet, en cas de pluralité d'acteurs (détenteurs de droits) et en fonction de leurs apports respectifs, les propriétaires sont ceux qui contribuent à la production du carbone. On peut citer :

- Celui qui met à disposition ses terrains ; c'est-à-dire l'Etat ou la Covimof en cas d'immatriculation ou en cas de renonciation au droit d'usufruit pendant la période de gestion contractuelle.
- Celui qui réalise les activités : les propriétaires terriens de la Covimof conjointement avec un organisme de développement ou l'Etat camerounais via le MINFOF et le MINEP.
- Celui qui finance la réalisation de l'activité : organisme de financement et Etat.
- Le gestionnaire du projet via son apport technique.
- Les institutions assurant la permanence de la séquestration pendant toute la durée du projet.

A cet effet, dans la mesure où les questions sur l'appropriation des crédits carbones seront réglées, il y'aura donc « *une possibilité de partager et de repartir les droits de propriété sur les crédits du carbone, proportionnellement aux efforts fournis ou consentis* ». (Chenost et al, 2011)

C)- <u>Le partage des bénéfices</u>

Qu'ils soient potentiel ou en numéraire, les bénéfices doivent résulter d'un processus de contractualisation adapté aux lois et règlements en vigueur.

1- <u>Les bénéfices en numéraires issus du REDD+</u>

Les bénéfices en numéraires sont directement assimilés aux crédits carbones. Le partage des bénéfices, à l'endroit de l'exploitation des FC est consacré par l'arrêté conjoint N°0520 MINATD/MINFI/MINFOF du 3 Juin 2010 fixant les modalités d'emploi et suivi de la gestion des revenus provenant de l'exploitation des ressources forestières destinée aux communautés villageoises. D'une part, selon l'article 6, « *les revenus issus des forêts communautaires reviennent à 100% aux communautés concernées. Ils sont gérés par le bureau de l'entité juridique concernée et utiliser conformément aux prescriptions du plan simple de gestion desdites forêts* ». D'autre part, ces revenus sont affectés à hauteur de 10% maximum au fonctionnement de l'entité concerné et de 90% minimum à la réalisation des projets contenus dans le PSG. (art.22(2)). Sera-t-il possible d'intégrer dans un contexte Redd+ ce nouveau mode de partage ? Du partage équitable à celui d'un canal de redistribution des bénéfices, nous proposons la matrice de partage de l'UICN (verticale et horizontal).

a)- <u>Le partage équitable des bénéfices : la ligne verticale</u>

Les activités embryonnaires de terrain ne relèvent pas encore d'une expérience d'un mécanisme de partage des bénéfices en lien avec la REDD+ (Dkamela, 2011). Le Cameroun expérimente depuis plus d'une décennie les schémas possible des avantages. La conséquence n'a pas permis à garantir une amélioration des conditions de vie des populations. D'après l'UICN, le partage vertical se ferait entre les paliers nationaux et les acteurs non gouvernementaux, via les collectivités territoriales et les intermédiaires. C'est un partage en marge des éventualités offertes par l'arrêté conjoint précité. Il nécessite plutôt un respect des engagements contractuels en cas de pluralité de parties prenantes intervenant dans la chaine de production du carbone. Bref, les profits sont distribués impartialement, selon les apports et responsabilité de chacun. Par contre, en matière de répartition horizontale, la réalité de la redistribution produit un paysage singulier.

b)- <u>La redistribution des profits liés à la vente des crédits carbones : le partage horizontale par les paiements pour service environnementaux (PSE).</u>

C'est un paiement pour le changement des pratiques. Il engendre une réduction (effective) de la déforestation et préserve le couvert forestier. Le paiement doit s'effectuer selon les critères 3E+.

-<u>Critère d'équité</u>

C'est une phase de partage qui s'effectue entre les membres[87] de la communauté dont la renonciation à leurs droits d'usage par l'attribution des parcelles a été rendue effective. Le document de redistribution devra être un contrat écrit qui recense tous les propriétaires des parcelles constituant l'espace communautaire Covimof. Avec pour chacun de ces espaces, la superficie, sa position géographique, la quantité de biomasse qu'il contient.

En effet, le profit en numéraire se présenterait comme des bénéfices sous forme de dividendes que pourra jouir chaque associé (propriétaire terrien). Ces bénéfices seront évalués en fonction de ceux qu'un individu aurait à tirer en l'absence d'activité REDD+ et de la superficie de la parcelle.

---

[87] Les membres constituent uniquement les individus qui possèdent des parcelles à l'intérieur de la forêt Covimof.

Exemple : si 5000ha   ⟶   10000G^t_c séquestré

Un individu de 10ha   ⟶ ?   Alors   on aura   10*10000/5000=20 Gt

Donc un individu possédant 10ha absorbera 20Gt de carbone qui correspond à une certaine somme d'argent selon le prix (fixé ou indexé pendant les transactions de crédits carbone sous forme de contrat d'achat de réductions d'émissions vérifiées CAREV ou ERPA en anglais).

-**Critère d'efficacité** : Avant paiement, une vérification doit être faite des fuites (avant qu'un système de comptabilisation soit mise en place), des risques de non permanence de non additionnalité. Un mécanisme de contrôle et de suivi des effets des mesures alternatives ayant contribué à réduire les mauvaises pratiques.

Critère d'efficience : Le paiement des efforts de gestion durable, de conservation et d'amélioration des stocks carbones seront efficient si seulement si le scénario de référence fixé a permis de démontrer les réductions des émissions attendus. Cela permettra de compenser certaines parties prenantes comme les différentes administrations interpelées, selon les coûts de transaction de l'administration des politiques et PSE.

2)- <u>Les revenus générés par les activités Redd+ : les bénéfices potentiels</u>

Au-delà des revenus carbones, existent des bénéfices en termes d'activités et de résultats sociaux économiques et environnementaux importants. Ces activités dont l'objectif est l'amélioration des conditions de vie des populations contribuent au renforcement des capacités villageoises. Ces capacités étant orientées vers une maitrise de la réussite du mécanisme REDD+. Selon l'ONF (non daté), les activités de la déforestation peuvent être réparties en deux groupes : les activités incitatives (carottes) et celles de nature contraignantes. L'essentiel est qu'elles puissent embrasser à la fois le secteur forestier et le secteur non forestier.

a)-<u>Les activités Redd+ incitatives.</u>

Elles peuvent constituer soit un levier d'augmentation de la valeur de la forêt sur pied soit celui de l'augmentation de la valeur des zones déjà boisées.

i) Les activités d'augmentation de la valeur de la forêt sur pied

-Les activités d'écotourisme avec le rocher MADA et les côtes du fleuve Nyong ;

-Les activités de valorisation des PFNL ;

-Les activités des PSE ;

-Les activités de certification ;

-Les activités de vulgarisation de l'agroforesterie/ sylviculture.

ii) Les activités d'augmentation de la valeur des zones déjà déboisées (pour soulager les zones de forêt sur pied)

-Les activités d'intensification agricole : modernisation des pratiques agraires ;

-Les activités de restauration de la fertilité ;

-Les activités d'organisation des filières agricoles ;

-Les activités de certification et de transformation des produits agricoles ;

-Les actions de développement d'activités alternatives : processus de diversification de   l'économie rurale.

b) Les activités REDD+ contraignantes

Elles constituent des contraintes au respect des engagements de conservation par l'Etat et les communautés. Si elles ne sont guère considérées, produiront des risques de fuites, de non additionnalité et de non permanence. Nous avons :

-Les activités de contrôle des activités forestières (signature des contrats avec les propriétaires terriers ou les usagers dans lesquels les uns et les autres s'engagent à ne plus déboiser ou à se focaliser sur les activités alternatives de revenus ;

-Education environnementale des communautés aux questions REDD+ ;

-Actions visant à développer les mesures alternatives de consommation du bois de chauffage ;

-Surveillance et renforcement des lois sur la gestion des espaces communautaires.

-L'ensemble des activités REDD+ ne pourront produire des effets si et seulement si un cadre méthodologique multisectoriel est mis sur pied.

II-   L'émergence d'un multi cadre méthodologique, institutionnel et politique apte à orienter l'application du futur mécanisme REDD+

Comme le MDP forestier, le processus REDD+ peut emprunter le même chemin. C'est-à-dire une absence de projet REDD+, vu la complexité dans les différentes phases des procédures. Dans cette étude, à défaut d'une tendance pessimiste, il sera nécessaire de solliciter un renforcement d'information et de communication auprès des acteurs pertinemment concernés. Avec en filigrane un mode d'avant-garde de résolution des conflits. Les objectifs de développement communautaire à atteindre seront alors axés sur des nouvelles approches institutionnelles et politiques.

A- La mise en œuvre d'un système d'information et de communication pour l'accompagnement des modes de résolutions des conflits

1)- L'information et la communication liée au futur mécanisme REDD+.

La perte de la couverture forestière, plus élevée sur le DFNP que sur le DFP indique que le zonage est globalement respecté et suggère qu'une stratégie de réduction des émissions doit avoir une attention particulière aux terres du DFNP (Dkamela, 2010). En l'occurrence les FC sont menacées par une conversion massive. Surtout avec leur proximité des centres villes et l'engouement des populations à l'augmentation de la production agricole.

a)- Objectif de l'information et de la communication

Le rôle des communautés issus des FC sur l'implémentation de la REDD+, ne peut guère relever de l'imaginaire. Une forme d'opérationnalité s'identifie par leurs processus d'information et de communication à impulser de l'extérieur comme de l'intérieur. De l'extérieur, elle amène à faciliter le soutient de l'Etat aux communautés, par l'investissement, l'assistance technique et le renforcement des capacités institutionnelles locales (Mahonghol, 2009). De l'intérieur, elle permet de contenir la pluralité des villages et de braver la passivité de certains individus par la conception d'un réseau d'information et de communication au sein de la Covimof.

Dans la logique de cette étude, toute réflexion devrait partir des contraintes socioculturelles qu'a la Covimof de la compréhension diversifiée de l'entité légale. C'est-à-dire de la notion de société en nom collectif. Les populations de la Covimof ont une façon mitigée voire inquiétante de percevoir la notion d'espace communautaire, malgré une certaine catégorie de documents et règlements mise à leurs dispositions. Mbairamadji (2009) ne manque pas d'attirer notre attention sur plusieurs faits : la méconnaissance de la loi forestière par les populations et l'asymétrie d'informations existantes à ce sujet. « *La méconnaissance de loi forestière par les populations locale et la maîtrise de l'information par seulement quelque acteurs influents ont amené ces derniers à contrôler, à leur avantage, les zones d'incertitude et à faire perdurer le rapport de force inégale existant dans le système d'action issus de la décentralisation* ». En tout état de cause, la Covimof est victime d'un manque de communication interne qui tente de paralyser une information bien structurée en amont.

b)- <u>Le contenu de l'information et de la communication</u>

La loi-cadre sur la gestion de l'environnement au Cameroun, en son article 72 milite en faveur du libre accès à l'information environnemental (sous réserves des impératifs de la défense nationale et de la sécurité d'Etat) et de sa production. Elle fait de ces éléments un moteur du processus de participation des communautés. Selon la déclaration des nations unies sur les droits des peuples autochtones, le principe du droit du consentement, donné librement doit être faites en toute connaissance de cause. C'est-à-dire en produisant aux communautés des informations sur :

-La nature, la taille, la réversibilité et la portée des activités REDD+.

-Les/ la raison ou le but du projet et sa durée.

-La localisation des zones qui seront affectées.

-L'évaluation préliminaire de l'impact économique, social et environnemental probable, y compris les risques potentiels et le partage des bénéfices justes et équitables.

-Le personnel susceptible d'être impliqué dans l'exécution du projet (y compris les communautés eux-mêmes, le personnel du secteur privé, établissements de recherche, représentants des investisseurs, organisations gouvernemental et non gouvernemental et autres).

-Les différentes procédures que le projet peut entrainer. (Programme UN-REDD).

2- <u>Un mécanisme d'avant-garde de résolution des conflits</u>

La COVIMOF présente plusieurs types de conflits. La majorité peut être due à la nature et à la source de l'information. En effet, nous remarquons que la surveillance consiste par exemple à rechercher des éventuelles infractions qui doivent être dénoncées auprès de l'administration des forêts. A ce titre, les communautés doivent rapporter toute violation des lois et règlements constatées. Cependant, ces communautés ne possèdent aucune information précise sur la typologie et la nature de l'infraction.

Il serait donc opportun de penser à une catégorisation des différentes infractions afin de rendre les mécanismes de suivi et de vérification aptes à certifier la permanence ou l'additionnalité du projet. Ces infractions devront soit relevées de l'exploitation des produits forestiers ligneux, soit de l'exploitation des produits forestiers non ligneux, soit des activités agropastorales et de la gestion du GIC. Les sanctions devront être également précisées. En définitive, il s'agira de créer des politiques et programmes multisectoriels pouvant renforcer les capacités dans ce sens.

B- <u>La création des politiques et programmes multisectoriels qui tiennent compte du renforcement des capacités et des spécificités liée au genre</u>

Les politiques et programmes qui ne tiennent pas compte du renforcement des capacités des communautés locales et des spécificités liées au genre sont préjudiciables au développement humain et accentuent les inégalités et l'exclusion dans les stratégies d'atténuation.

1)- <u>Les nouvelles politiques multisectorielles axées sur le renforcement des capacités des communautés locales forestières (la Covimof)</u>

<u>-En matière de gestion des forêts communautaires</u> :

Au Cameroun, la montée des demandes locales exprimées sous la forme des forêts communautaires ou de redistribution de la fiscalité forestière correspond à une volonté d'une partie des populations de s'introduire dans un jeu rentier duquel elles ont été exclues au profit des entreprises d'exploitation et d'une clientèle nationale de second rang constituée par une partie de l'administration forestière.(Karsenty, 2005). Malgré l'assistanat[88] qui converge vers la gestion communautaire locale, la Covimof présente toujours un déficit en matière de gestion locale et risque de se positionner comme repoussoir aux actions du REDD+.

En effet, la communauté Covimof a bel et bien conscience des changements climatiques et des origines de ce changement. Que la responsabilité soit portée au niveau de l'Etat ou des populations elles-mêmes, celles-ci sont prédisposées à une nouvelle forme de gestion. Cette dernière pourra équitablement mettre en œuvre les mécanismes de prise de décision des différents villages individuellement. Ensuite un meeting des différents représentants dont l'obligation de reddition devra être pratiqué.

Tableau N°19 : représentation de la conscience paysanne des origines du changement climatique

Village	Conscience de la déforestation		Total
	Oui	Non	
Akak	1	0	1
Ayos	13	4	17
Akyda1	3	0	3
Akyda2	5	1	6
Fakélé1	7	0	7
Fakélé2	12	0	12
Melo	13	0	13
Okekat	1	0	1
Total	55	5	60

Source : Agoum Ghislain, enquête de terrain 2011

8.3% seulement contre 91.6% ignore le recul des arbres sur pieds. Ce tableau prouve qu'en matière de reboisement, la covimof a un atout psychique : la conscience environnementale paysanne. Ceci implique la réalisation de certaines activités.

-En matière sylvicole : la mise en œuvre de la REDD+ demande une maitrise de la sylviculture par les populations.L'ANAFOR devrait plus accorder une attention

---

[88] ONG, société civile et autres.

particulière auprès des communautés locales pour la réalisation des bénéfices REDD+. Un renforcement des capacités préalable à la survie des actions REDD+ permettra aux populations hommes et femmes de s'imprégner des techniques de sylviculture.

En marge d'un tel programme, nous pourrions ainsi saisir l'opportunité d'exercer une agriculture par la sylviculture.

-**La modernisation de l'agriculture rurale** :

De la logique d'extensivité à celle d'intensité, les espaces seront moins laissés aux activités agricoles tous azimuts. Le renforcement des capacités à ce stade demande une maitrise de la cohabitation qui pourra se former entre les activités de boisement/reboisement et les activités agricoles. Les politiques agricoles seront à mesure :
-   D'entretenir les prix des engrais ;
-   D'outiller le paysan aux formes de culture moderne.

2)- Les politiques et programmes qui tiennent compte des spécificités liées au genre

« *L'intégration de la dimension de genre détermine les différentes incidences de toute action planifiée sur les hommes et les femmes et se rattache à la législation, aux politiques et programmes dans tous les domaines et tous les niveaux* » (PNUD, 2009). En effet, le REDD+ est une stratégie d'atténuation des changements climatiques qui prônent l'intervention anthropogénique pour réduire selon le GIEC (2001), les sources ou améliorer les puits de gaz à effet de serre. C'est une incitation visant à réduire la déforestation et celle générée par les activités du secteur LULUCF.

L'ensemble de ces activités présente une implication des femmes au niveau des activités agricoles et leurs acheminements vers des marchés de consommation. Entre l'homme et la femme de Covimof, lequel entre les deux présente un comportement écologique de nature à produire les gaz à effet de serre ? Face à un espace pionnier, l'homme s'occupe de l'abattage des arbres (droit de hache), de la préparation de la parcelle pour culture. La femme intervient par les feux de brousse et la mise en culture. La récolte est faite par les deux sous réserve de la commercialisation des produits de rente comme le cacao par l'homme. Les politiques agricoles (agriculture durable), les politiques d'exploitation forestière (boisement, réduction du boisement et reboisement) et de protection de la nature devraient contenir des mesures d'incitation de l'agent féminine. Par exemple, depuis 2001 au Guatemela au Nicaragua, au Salvador et au Honduras, 400 000 Noix-pain (Brosimum aliscatrum) ont été plantés par les femmes dans le cadre d'un projet. Ce dernier non seulement augmente les sources alimentaires des femmes, mais offre la possibilité à ces dernières de bénéficier des échanges de droits d'émission. Par ailleurs, au Zimbabwe, des groupes de femmes exploitent les ressources forestières, plantent des arbres, aménagent des pépinières et encouragent les femmes à acheter des terrains boisés, (PNUD, 2009). Au sein de la Covimof, les femmes sont prêtes à participer aux actions de boisement. Elles recommandent uniquement une formation et un renforcement des capacités de suivi des plans. Parce que la tendance à la participation des projets communautaires n'est satisfaisante.

Du fait d'une participation timide des femmes à des projets communautaires, leurs instructions pourront être envisagées et par conséquent leur autonomisation. La promotion d'initiatives d'atténuation comme la REDD+ fournira ainsi aux hommes et femmes de la Covimof la latitude de travailler dans les conditions d'égalité de fait et de droit. Il faudrait seulement de manière audacieuse faire appel à une forme d'atténuation des faiblesses politiques.

Tableau N°20 : Tendance à la Participation des projets communautaires

	Tendance à la Participation des projets communautaires		
Village	**Sans intérêt**	**Aucune connaissance en la matière**	**Absence d'information**
Akak	0	0	0
Ayos	0	1	0
Akyda1	2	0	0
Akyda2	4	1	1
Fakélé1	0	0	0
Fakélé2	4	0	1
Melo	8	1	2
Okekat	0	0	0
Total	**18**	**3**	**4**

Source : Agoum Ghislain, enquête 2011

La majorité des populations de la COVIMOF n'ont aucune expérience des projets communautaires. La cause est le manque de sensibilisation et d'éducation des populations. L'intérêt devient donc absent et pousse les communautés à se positionner comme détracteur.

C)- <u>Proposition d'une volonté politique d'agir comme levier à l'atténuation des fragilités institutionnelles et faiblesses politiques pour une mise en œuvre du mécanisme REDD+.</u>

La mise en œuvre de la déforestation évitée demande que soit mise en place des nouvelles institutions à multiples casquettes et un cadre politique propice et conforme aux exigences établies par les politiques climatiques internationales. Les solutions et programmes politiques auront beau se rabattre au niveau national, le succès de la REDD+ de la manière donc les institutions s'y prendront pour diriger et coordonner des secteurs, des groupes des parties prenantes différentes, transférer les fonds et négocier et satisfaire surtout les intérêts des communautés. Surtout lorsque celles-ci contrôlent ce qui se passe localement sur le terrain (Seymour et al, 2010).

1)-<u>Une nouvelle forme de politique forestière (communautaire) moulée aux nécessités d'atténuation des changements climatiques par les forêts.</u>

Les décisions concernant la meilleure démarche juridique et le cadre institutionnel national nécessaire à la mise en œuvre des stratégies incombent à chaque pays REDD+. Ces institutions devront démontrer l'efficacité et l'intégrité environnementale, la responsabilité fiduciaire nécessaire pour gagner la confiance des investisseurs internationaux et des communautés locales à l'instar de la Covimof. Selon l'AWG-LCA, cinq fonctions principales peuvent être conçues pour un dispositif institutionnel.

a)- <u>La fonction de supervision : un cadre légal et une structure institutionnelle adaptée.</u>

C'est une fonction qui nécessite la configuration des politiques générales et des priorités réaliste d'un processus REDD+. Pour sa réalisation, il faudra mettre sur pied un certain nombre d'institutions qui devront travailler en étroite collaboration.

i) <u>Le paysage institutionnel REDD+</u>

Le MINFOF et le MINEP sont deux principales institutions à indexer en vue de l'élaboration d'une stratégie nationale : superviser la mise en œuvre et l'évaluation des stratégies REDD+, réaliser les consultations et mettre en œuvre les accords de

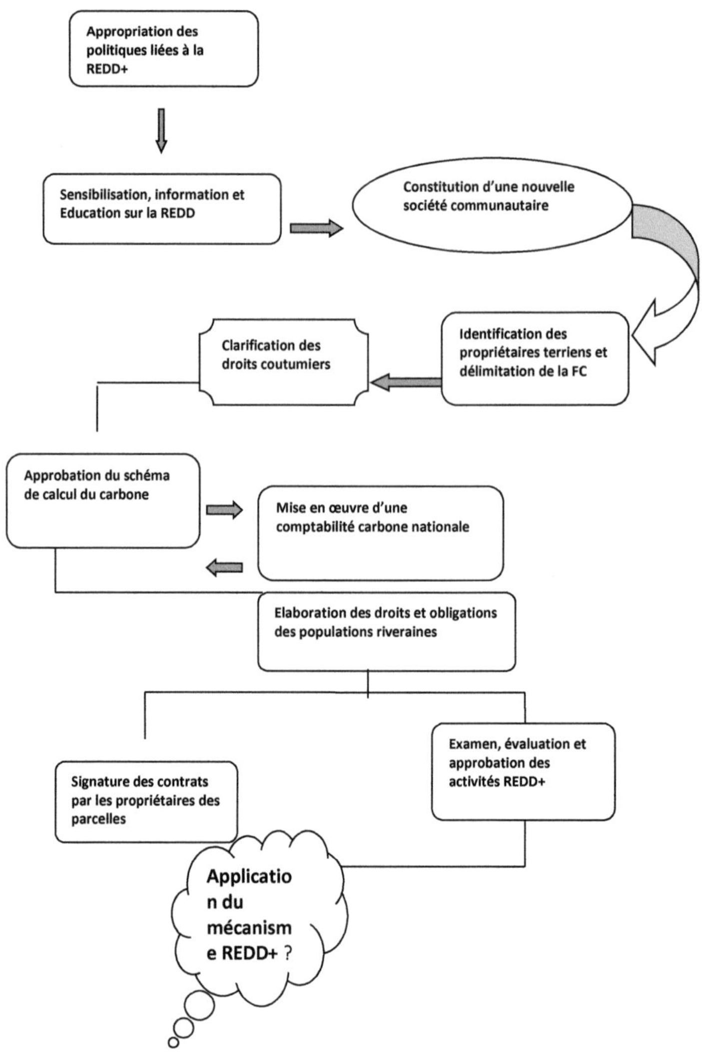

Figure n°14 : Essai de schéma structurel préalable à la mise en œuvre des activités **REDD**

Source : Agoum Ghislain, 2011

répartition des bénéfices. D'une part, le ministère de l'économie, de la planification et de l'aménagement du territoire et celui de l'administration territoriale et de la décentralisation seront chargés de la sélection géographique des sites de projets selon des données socio-économiques fournis par l'institut national des statistiques.

Ces indicateurs devront principalement soutenir l'atteinte des OMD. D'autre part, de concert avec le MINADER, le MINEPAT est bien positionné pour l'approbation des programmes et projets REDD+ en conformité avec la déclaration de stratégie de développement du monde rural. En outre, l'observatoire national sur les changements climatiques (ONAC), crée en 2009 s'accentuera sur la réalisation et le suivi des impacts environnementaux et sociaux liés à l'application de la REDD+. Il devra également participer à la mise en œuvre d'un cadre légale.

ii- <u>La construction d'un cadre politique pour la REDD+</u>

Le Cameroun a ratifié la CCNUCC le 19/10/1994. Ensuite, est née la loi forestière de 1996, puis celle du 5 août 1996 relative à la gestion de l'environnement. Dès 2002, il adhère au protocole de Kyoto. Présentement, il n'existe de cadre politique approprié aux changements climatiques. Sauf un certain nombre d'instruments issus de la conférence de Rio :

-Le programme d'action forestier national de 1995 (PAFN)

-Le plan d'action national de lutte contre la désertification (PANLCD).

-Le plan d'action national énergie pour la réduction de la pauvreté (PANERP) en 2006.

-La mise en place d'une autorité nationale désignée (AND), 2006.

-Le programme ozone Cameroun visant à contrôler et éliminer les Chloro-fluro-carbones (CFC) à l'horizon 2010.

-Le programme national de reboisement, 2008.

-La rédaction de la Readness Plan Ideal Note (R-PIN).

En dehors de ces schémas de restructuration, l'application du REDD+ réclame davantage de la part du politique :

-La création d'une cellule d'adaptation et d'atténuation des changements climatiques par la formulation d'un document sur les mesures d'atténuation au plan national (NAMA).

-La création effective d'un fonds national de l'environnement selon l'article 11 de la loi du 5 août 1996.

-De la mise en place d'un observatoire national sur la participation et l'implication des communautés locales à la lumière de l'article 72 de la loi du 5 août.

b- <u>**La fonction de financement**</u>

La gestion des fonds REDD+ à travers une structure fudiciaire locale est capitale pour la réalisation du suivi et la coordination des sources de financement, la mobilisation des fonds, l'allocation et le décaissement. Selon l'article 11(1) de la loi N° 96/12 du 5 août 1996, « *il est institué un compte spécial d'affectation du trésor dénommé Fonds National de l'Environnement et du Développement* ». En outre de ces rôles d'approbation des projets de développement durable ou de soutien des programmes de promotion de technologies propre (REDD+), ce fonds pourra également se charger de :

-D'affecter des ressources conformément à la future stratégie REDD+.

-De décaisser les ressources à l'intention des plans, programmes et futures projets REDD+ approuvées en mettant une attention particulière sur les projets communautaires.

-D'assurer la conformité avec les procédures convenues au niveau national et international pour les procédures financières et de préparation des rapports.

-De concert avec les investisseurs et les établissements bancaires, structurer les transactions et gérer les risques liés aux marchés internationaux de carbone.

En donnant corps au FNED, toute opération contribuant à promouvoir l'utilisation des ressources renouvelables ou toute opération de boisement et reboisement bénéficiera du fonds prévu par la présente loi (art. 75).

c- <u>La fonction de standards</u>

Les standards sont des critères et indicateurs permettant de déterminer la performance et l'éligibilité aux mesures incitatives. Leur détermination suppose l'élaboration des principes de protection sociale et environnementale et des critères et indicateurs fournissant des informations liées à l'efficacité du mécanisme REDD+. Au Cameroun, le ministère des affaires sociales (MINAS) et celui de la promotion de la femme et de la famille en relation avec le MINFOF et le MINEP doivent s'assurer que ces principes sont respectés. Avec ces standards, ces institutions devront apporter des aménagements aux impacts négatifs imprévus qui apparaîtront au cours du projet. En effet, selon le Social and Environnemental Standards (2010), le rôle des standards est de mettre en œuvre les programmes REDD+ de manière à respecter les communautés locales et à engendrer des Co-avantages socio-économiques et écologiques. Il existe huit principes génériques :

-Les droits aux terres, aux territoires et aux ressources sont reconnus et respectés par le programme REDD+.

-Les avantages du programme REDD+ sont partagés équitablement entre tous les détenteurs de droits et parties prenantes pertinentes.

-Le programme REDD+ améliore les moyens de subsistances à long terme et le bien être des communautés locales en mettant l'accent sur les personnes les plus vulnérables.

-Le programme REDD+ contribue aux objectifs de développement durable, de respect de protection des droits de l'homme et de bonne gouvernance.

-Le programme REDD+ préserve et renforce la biodiversité et les services fournis par les écosystèmes.

-Tous les détenteurs de droits et parties prenantes pertinents participent pleinement et efficacement au programme REDD+.

-Tous les détenteurs de droits et parties prenantes ont un accès opportun à des informations adaptées et précises pour permettre une prise de décision fondée et une bonne gouvernance du programme REDD+.

-Le programme REDD+ respecte les lois locales et nationales applicables et les traités, conventions et autres instruments internationaux.

Ces différents principes devront faire l'objet d'un suivi général et permanent. Mais pour y arriver, une conception des capacités locales ou nationales de suivi, rapport et vérification est nécessaire pour une mise en œuvre d'un système MRV.

d- __La fonction M R V (mesure rapport et vérification) basée sur le « nested approach »__

C'est une fonction assez complexe où réside quasi totalement le niveau de technologie du pays hôte. Que ce soit la technologie MDP ou REDD+, le Cameroun n'a pas encore de réponse claire. Le système MRV est donc encore à concevoir dans une stratégie nationale. Il n'existe pas encore d'organisation nationale capable d'assurer le monitoring des émissions et des absorptions de carbone, bien que théoriquement on puisse penser que l'ONACC peut, une fois opérationnel, avoir des missions de suivi du carbone forestier (Dkamela, 2010). Des adaptations peuvent à la fois surgir tant au niveau sous national qu'international. Ainsi, l'appel à un système MRV imbriqué est indispensable.

i- __L'approche MRV par projet__

Sans négliger les risques de fuites et de non permanence et à l'absence d'une approche nationale, il serait important de se pencher sur les normes de MRV du GIEC (niveau 1, 2 et 3). Seules les données du niveau 3 seront spécifiques à la Covimof. En effet, les données sont habituellement mesurées in situ sur des parcelles permanentes. Dans le cadre de la Covimof, le système MRV peut être conçu à l'aide du manuel de terrain du K :TGAL qui expose une méthodologie pour le suivi du carbone forestier (www.communitycarbonforestry.org). La méthode est participative et comporte cinq étapes :

-La cartographie des limites.

-L'identification des strates.

-L'étude pilote pour estimer la variance, afin de déterminer le nombre de parcelles permanentes de recherche nécessaire pour l'échantillonnage.

-Le traçage des parcelles permanentes.

-Le mesurage de la biomasse présente pour chacune d'elles.

-L'échantillonnage de la strate herbacée et de la litière.

ii- <u>L'approche national MRV</u>

L'idée selon laquelle les réductions d'émissions qu'on devra obtenir au moyen d'incitation REDD+ au sein de la Covimof sans qu'il y'ait une quelconque fuite n'est pas d'autant une garantie de l'additionnalité. Si la grande problématique sur la définition du scénario de référence (*base line*) en tant que ligne de base de la comptabilité carbone n'est pas toujours pas solutionnée, il en demeure pas moins de reconnaitre que « *la clé de voûte de tout programme national REDD+ est un système crédible et fiable de mesure, de rapport et de vérification (MRV) des évolutions de stocks de carbones forestiers* » (Herold et Al, 2010).

En effet, la capacité du Cameroun en matière de MRV pourra être identifiée à partir des éléments suivants :

-Le niveau d'expérience dans le domaine de l'estimation et des rapports sur les inventaires nationaux de GES, et dans l'application des bonnes pratiques du GIEC.

-La capacité à mesurer de façon continue l'évolution de la superficie de la forêt et celle des stocks de carbone forestier.

-La capacité à produire des données satellites Land SAT, SPOT, ou CBERS.

En attendant un MRV national, nous recommandons, pour l'essentiel une approche par projet avec un volet formation et renforcement des capacités des populations de la Covimof. A cet effet, les données au sein du MINFI, MINADER, MINFOF, MINEP, et du MINEPAT requièrent une attention particulière.

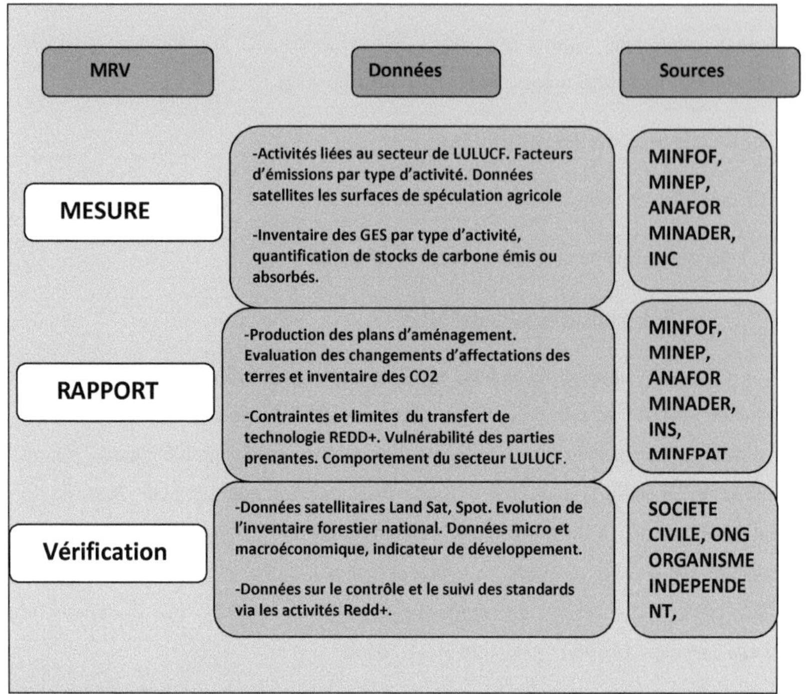

<u>Figure n°15</u> : Cadre d'un futur système MRV

<u>Source</u> : Agoum ghislain, 2011

Le système MRV constituera la base essentielle de tout mécanisme REDD+. Il proviendra de différentes parties prenantes. Cela exige que soit conçu un cadre de consensus multi acteurs. Chaque partie étant spécialisée sur les données pertinentes qui constituent l'ensemble des articulations du système MRV.

e- <u>La fonction de responsabilité : l'application des sanctions en cas de non-respect des normes de protection sociale et environnementale en matière Redd+.</u>

L'un des boulets à la gestion forestière camerounaise reste l'exploitation illégale à l'intérieur de la Covimof. L'absence de contrôle des feux de brousse, et des activités agricoles font parties des comportements peuvent impacter la réalisation des activités. Dans une logique d'évitement des conflits et d'application des lois REDD+ (quand elles seront mise en œuvre), il est impératif de mettre sur pieds un arsenal institutionnel du contentieux forestier qui répondra aux attentes d'équité. En outre, dans un contexte de détournement des fonds, la question de la reddition des comptes s'avère décisive.

<u>CONCLUSION PARTIELLE</u>

Les contraintes de gestion liées à l'application du mécanisme REDD+ que sont l'établissement du scénario de référence, la non additionnalité du projet, la non permanence et les phénomènes de fuites sont des questions techniques et méthodologiques. Perçues comme des obstacles à la gouvernance locale, elles peuvent être résolues par des méthodes et techniques institutionnelles, politiques et sociales.

En effet, dans ce dernier chapitre, il était question de s'interroger sur la promotion des nouvelles pratiques politique, institutionnelle et socioéconomique qui répondent aux exigences du marché carbone afin de contourner les contraintes de gestion. Nous avons admis comme hypothèse que l'implémentation du futur mécanisme REDD+ au sein du GIC COVIMOF nécessite un traitement progressif des faiblesses et fragilités institutionnelles, politiques et socioéconomiques à tous les niveaux de gestion qui permettrons la résolution des problèmes de non additionnalité, de niveau de référence (base line), de fuites et de non permanence. Mettre en exergue les potentialités des acteurs à s'approprier des alternatives institutionnelles, politiques et socio-économiques liées aux exigences du mécanisme REDD+ afin de surmonter les contraintes notre objectif à atteindre.

Dans l'ensemble, nous avons réalisé que l'application de la REDD+ requiert des politiques et cadres réglementaires assez spécifique en amont qui pourront impulser le comportement des parties prenantes en aval. La pertinence ici relève du fait que ces différentes contraintes forment un système itératif.

<h1 style="text-align:center"><u>CONCLUSION GENERALE</u></h1>

Depuis 2005, les débats n'ont cessé de se multiplier pour combattre les changements climatiques. La volonté commune d'agir contre la déforestation et la dégradation des forêts a été inscrite en noir et blanc dans l'agenda des grands chantiers du 21 siècle. Cela a permis que la lutte contre le réchauffement de la planète par les forêts requière un comportement institutionnel nouveau. L'une des méthodologies pertinentes et concernant les pays typiquement forestier est le REDD+. Lancé en 2008 par les nations unies, le processus REDD+ est considéré comme une alternative à la déforestation et à la dégradation des forêts par les communautés forestières pauvres qui ne vive grâce à la forêt.

D'emblée, le REDD+ prétend charrier des outils aptes à améliorer les conditions de vie de ces populations (bénéfices et Co bénéfices des activités REDD+). Il faudra seulement s'assurer que l'établissement du scénario de référence, la gestion des risques de non additionnalité, de fuites et de permanence soit une priorité. Dans cette logique l'initiative prise par les pays du Bassin du Congo via la COMIFAC témoigne foncièrement la ferme intention d'accéder aux stratégies innovantes d'atténuation des changements climatiques que véhicule le REDD+. Le Cameroun ambitionne d'intégrer les communautés forestières à la réalisation de ce processus. Ce pendant cette vision politique fait appel à un certain nombre d'inquiétude pour une application de la REDD+, en particulier dans le secteur de la foresterie communautaire. L'exemple de la FC GIC COVIMOF reflète les différentes contraintes de gestion sensées retardé l'implémentation de la déforestation évitée.

En effet, les problèmes rencontrées dans la COVIMOF peuvent être entre autre la difficile implication et participation des parties prenantes à l'élaboration des stratégies nationales REDD+, de la clarification des droits coutumiers fonciers, des systèmes d'appropriation de la ressource forestière, de l'adoption des mécanismes de résolutions des conflits, l'amélioration de la gouvernance forestière, l'innovation agraire et l'ajustement des politiques publiques. Ce sont des exigences du mécanisme REDD+ traduit en termes de fuites, de permanence et d'additionnalité. Fort de ce constat, les risques que le GIC COVIMOF ne bénéficie pas des compensations et des Co bénéfices liés à la REDD+ est grand. Au départ, nous nous sommes demandé comment le système local de gestion de la COVIMOF serait à mesure de permettre aux populations de bénéficier des compensations issues des crédits carbone ? En admettant que l'application du mécanisme REDD+ passe par le traitement des contraintes de gestion encore appelé contraintes techniques et méthodologiques qui constituent les lacunes de fonctionnement, l'objectif de ce travail était de contribuer à l'identification des contraintes de gestion de la mise en œuvre du futur mécanisme REDD+(scénario de référence, non additionnalité, fuites et non permanence) en vue de l'élaboration d'un cadre socioéconomique, politique et institutionnel apte à réguler la mise en œuvre de la REDD+.

Au chapitre 1, nous avons vu que l'établissement d'un scénario de référence strictement historique était nécessaire à cause du doute sur la crédibilité portée sur les données nationales relatives à la déforestation et la dégradation. La période de référence devrait être basée sur les crises ou incidents politiques et économiques de chaque pays comme nous l'avons établie dans cette partie du travail. La méthode d'estimation utilisée a été celle du GIEC.

Par ailleurs, l'hypothèse que les communautés locales (Molombo, Okékat , Foakélé etc.), ainsi que les sociétés forestières, ONG et Etat véhiculent des motivations et pratiques assez contrastées qui peuvent entraver l'additionnalité du processus REDD+ a été confirmé. Ainsi les risques de non additionnalité présentés au chapitre 2 sont perçus comme des menaces. C'est la raison pour laquelle l'atteinte de l'objectif qui consistait mettre en évidence un système transparent et équitable de gestion des revenus REDD+ à travers l'identification des acteurs usagers, leurs responsabilités respectives et leurs enjeux liés à l'implication d'une gestion durable de la ressource forestière a permis de réguler les risques de non additionnalité.

Le chapitre 3 présente des résultats plutôt mitigé. D'une part, en s'interrogeant sur les éléments   politiques et mesures institutionnelles qui   justifient légitimement la plupart des actions des parties prenantes de nature à provoquer les **phénomènes de fuites** pendant l'application de la REDD+, nous concluons que les politiques et mesures quelle que soit leur nature, les systèmes fonciers forestiers communautaires et la planification de l'utilisation des sols nécessaires engendrent les phénomènes de fuites dans la COVIMOF. A condition que le model REDD soit une approche combinée, à la fois nationale et sous nationale. Sans aucune inquiétude, cette option nous a permis de traiter les fuites depuis leur source : les politiques et mesures incitatives liées à l'accès à la ressource COVIMOF. D'autre part, selon les données relatives aux formes d'appropriation à la fois traditionnelle et moderne, nous avons relevé l'absence d'un contrôle du PSG. A cet égard les futures activités de gestion durable et de conservation des forêts ne seront soumises à aucun contrôle. Sur cette base, il sera difficile de gérer la permanence. Sous réserve que la permanence ne soit pas uniquement synonyme d'assurance et de continuité des crédits carbone. Cela nous a amené à confirmer l'hypothèse de départ : l'exploitation illégale, les mécanismes de contrôle et les modes de résolution des conflits défaillants constituent des contraintes qui affaiblissent la permanence des futures activités REDD+ au sein du GIC COVIMOF.

Au bout du compte, les contraintes de gestion liées à l'application de la REDD+ forment un système parce qu'elles entravent le processus de développement local. Nous estimons que pour qu'elles soient surmontées, il était question de concevoir un nouveau cadre institutionnel, politique et socioéconomique. Ce nouveau paysage devra réguler la mise en œuvre des activités REDD+.

PERSPECTIVES

La gestion des écosystèmes forestiers n'est point une initiative nouvelle. Elle date depuis fort longtemps. C'est le combat climatique actuellement inscrit dans l'agenda des préoccupations internationales qui a redonné à la gestion forestière des nouveaux défis. Celui de la séquestration du carbone par les forêts autorise à redéfinir des nouvelles bases en matière de gestion durable et de conservation des forêts.

Présentement, l'OSCST élabore les critères d'établissement du niveau de référence. Le Cameroun a opté pour une approche REDD+ biphasée. C'est-à-dire basée à la fois sur des fonds et sur le marché. Un niveau de référence historique avec des facteurs d'ajustement et une mise en œuvre au niveau national et infranational ou le « nested approach ». Du fait des principales phases du REDD+, notre travail présente une analyse conséquente.

D'abord, il s'est focalisé sur les contraintes d'application de la REDD+. Il essaye d'exposer les ingrédients à collecter afin de construire des dynamiques solides et intelligentes de la mise en œuvre du mécanisme REDD+. Ces astuces sont conscientes des défis juridique, politique, sociale, économique et institutionnel à relever. En s'inscrivant dans un registre de gouvernance forestière, le document comporte toute la problématique d'une gestion locale structurelle. Cette gestion du GIC Covimof évolue de façon asymétrique aux différents points d'application de la déforestation évitée

En réalité, le Cameroun à engranger depuis 1994 une nouvelle forme de gestion locale : la gestion participative. Ce type de management met en exergue la capacité des communautés locales à répondre non seulement aux besoins de survie ; mais également et surtout au comportement nouveau écologiquement viable. La forêt communautaire GIC COVIMOF est une conséquente vivante des politiques des gestions forestières. Elle a été sollicité comme laboratoire du REDD+ dans un contexte de « Pro-poor REDD[89] », avec pour principaux objectifs l'atteinte des OMD et l'égalité du genre. Il a été question de submerger les freins de l'administration Forestière Communautaire, visible et invisible qui sous-tendent la grande incertitude des populations à s'intégrer pleinement à la REDD+.

---

[89] Concept développé par l'UICN.

Ces différents points critiques s'enchainent, indépendamment les uns les autres. Ils produisent des clichés évocateurs d'opinions alarmistes et pessimistes en matière de gestion locale des écosystèmes forestiers. Ils occasionnent à cet effet une forme de restructuration des outils de gestion à la base. Du comportement des acteurs usagers, se crée un environnement flou avec des formes d'appropriation et des politiques publiques mal assimilées. Les systèmes de conflits sont revus à la baisse. Entre particularité ethnolinguistique et exercice régalien s'exprime un attachement à la rente forestière. Devant un individualisme communautaire, réfractaire à tout futur projet REDD-plus a pu se former une concurrence formelle et informelle liée à l'accès à la Covimof. Tous ces factueurs constituent des menaces potentielles à l'additionnalité, la permanence et à la gestion des risques de tout projet REDD+.

Ensuite, du fait des différentes possibilités de contournement des contraintes liées à l'application du futur processus de déforestation évitée, les solutions proposées concernent aussi bien le plan politico-institutionnel que le plan juridique et méthodologique. Une proposition du processus de clarification des droits fonciers de la Covimof ou du changement de son statut juridique peuvent constituer un cadre d'orientation pour la seconde phase REDD+. La conception d'un cadre MRV approprié, avec une évidence sur le renforcement des capacités institutionnelles et des communautés locales nous a permis d'exposer les espoirs d'une nouvelle gestion de la Covimof. Nous proposons que l'OSCST élabore des orientations méthodologiques juridiquement contraignantes.

Enfin, le REDD+ plus introduit une forme d'interpellation mixte (écologique, sociale, économique et politique). Elle se manifeste par un échange entre connaissance traditionnelle de gestion de l'espace, mécanisme moderne de préservation du climat (séquestration du CO2) et amélioration des conditions de vie. Le document présente les communautés composantes de la Covimof au centre de ce dispositif d'échange. Une synergie qui demande une grande adaptation aux technologies à transférer dans la lutte contre les changements climatiques.

Néanmoins, pour y parvenir, l'application de la REDD+ devrait se focaliser préalablement sur la gestion durable des forêts. Le temps pour les parties prenantes de se familiariser aux outils de préservation et de conservation. C'est au moment où la

« maturité écologique » sera atteinte que les activités de séquestration et d'amélioration du stock de carbone pourront suivre. Mais cet enjeu pourrait constituer une utopie écologique, si une réelle volonté politique climatique n'est pas entreprise.

BIBLIOGRAPHIE

ALL, R., 2008. *Les mythes au sujet du REDD, analyse critique des mécanismes proposés pour réduire les émissions dues au déboisement et à la dégradation des forêts dans les pays en développement*. Climat et déboisement, Les Amis de la Terre International, n°.114.43 pages. www.foei.org/fr/campaings/climate/poznan.

Angelsen, A. (éd.) 2009 Faire progresser la REDD : Enjeux, options et répercussions. CIFOR, Bogor, Indonésie. 206 pages.

Angelsen, A., Boucher D., et al (2009), Lignes directrices pour les Niveaux de Référence REDD+ Préparé pour Le Gouvernement Norvégien, Méridien Institute, Rapports disponibles en ligne au lien www.REDD-OAR.org

ANGELSEN, A., BROKHANS, M., et Al. (éds) 2009. *Realizing REDD+: national strategy and policy options*. CIFOR, Bogor, Indonésie, 290 pages.

Arrêté conjoint N°. 0520 MINATD/MINFI/MINFOF du 03 Juin 2010 fixant les modalités d'emploi et de suivi de la gestion des revenus provenant de l'exploitation des ressources forestières et fauniques destinées aux communes et aux communautés villageoises riveraines.

AUBERTIN C., MERAL P., et al non date, Des forêts et des hommes, politiques et dynamiques forestières, forêts, changement climatiques et carbone: Comment la problématique du changement globale change la perception des forêts, Sud en ligne, les dossiers thématiques de l'IRD.

BERNIER, P. et SCHOENE, D., 2009.*Adapter les forêts et leur gestion aux changements climatiques : un aperçu*, Unasylva N°231/232. Vol.60.PP.5-10.

BIGOMBE, P.L., 2007. *Les régimes de la tenure forestière et leurs incidences sur la gestion des forêts et la lutte contre la pauvreté au Cameroun*. Yaoundé, GRAPS-CERAD/ Université de Yaoundé II. 25 pages.

BOISVERT, V., CARON, A., et RODARY, E., 2004. *Privatiser pour Conserver ? Une lecture critique de la nouvelle économie des ressources*, analyses théorique et politique environnementale, problèmes économiques N°2863, numéro spécial, 2004, pp.9-14.

BOUCULAT, G. et CHENOST, C., 2010. *Le risque carbone dans les investissements forestiers*. Paris, les Cahiers de la Chaire Economie du Climat, n°7. 9 pages.

BROWN, M. et WYCKOFF, B.B.1990.*Les droits de propriété et la gestion des ressources naturelles par les résidents locaux,* projets intégrés de conservation de la nature et développement. Programme d'Appui à la Biodiversité, consortium du World Wildlife Fund, de Nature Conservancy et World Resources Institute, financé par l'USAID.

BUBA, J. et KARSENTY, A. et Al., 2010. *La lutte contre la déforestation dans les « Etats fragiles » : une vision renouvelée de l'aide au développement*. Paris, centre d'analyse stratégique, la note de veille n°. 180, 12pages.

BUSCH, J. 2011. Constructing reference level for REDD+: insights from economic search. FCPF/WINROCK, workshop on reference levels, Conservation International, Washington D.C. PowerPoint document.

CARMENZA, R. and JURGEN B. 2008, Questions clés de l'Utilisation des Terres, Changement d'Affectation des Terres et Foresteries axées sur les perspectives des pays en développement. Environment and Energies Group Publication, PNUD, 2008.

CARODENTO, S., 2010. Proposition de la contribution allemande au processus Réduction des Emissions de déforestation et de dégradation forestière du Cameroun, l' « axe climat » 2011-2015, programme d'appui au programme sectoriel Forêts Environnement (Pro PSFE), 27 pages.

CHAUMIER, J., 1985. *La gestion de l'environnement dans les pays du Sahel,* les cahiers de la Recherche-Développement, N°8, CIRAD, pp.17-14.

CHENOST, C., GARDETTE, Y.M. et Al., 2010. Les marchés du carbone forestier, Bringing

COSTENBADER, J. (ed), SAMA, N.J., TAMA, E.B. 2009. *Legal Frameworks for REDD, design and implementation at the national level.* IUCN, Gland, Switzerland.pp. 139-150.

Décret N° 95/531/ PM du 23 Août 1995 fixant les modalités d'application du régime des forêts.

Dhanej T. (non daté)   , REDD and Community Forestry: Opportunities and Challenges in Nepal

DIAW, M.C., OYONO, P.R., 1998. *Dynamiques et Représentations des Espaces Forestiers au Sud Cameroun : pour une relecture sociale des paysages.* Bulletin Arbres, Forêts et Communautés Rurales, N°15&16, P.36-43.

DKAMELA, G.P., 2011. *Le contexte de la REDD+ au Cameroun, Moteurs, agents et institutions.* Document occasionnel 57 CIFOR, Bogor Indonésie, 66 pages.

DUBOIS, J.J., AMAT, J.P. Et Al., *Les milieux forestiers de la zone intertropicale et leurs marges,* Les milieux forestiers Aspects géographiques, Edition SEDES, pp.148-280.

FINCKE, A., 2010. *Participation des peuples autochtones et des communautés locales à la REDD-plus : enjeux et possibilités,* peuples autochtones et REDD-plus. UICN, programme de conservation des forêts. Washington DC 20009 USA,   8 pages.

GAUTIER, D., SMEKTALA, G., et NJIEMOUN,A., 2003. *Règles d'accès à la ressource ligneuse pour les populations rurales du Nord-Cameroun* ; Savanes Africaines : des espaces en mutation, des acteurs face à des nouveaux défis. Actes du colloque, 27-31 Mai 2002, Garoua, Cameroun. PRASAC, CIRAD, Montpellier 8 pages.

GOUFO, G. et TSALEFAC, M., 2003. *Atomisation de l'Espace Forestier au Cameroun : du pouvoir colonial à l'Etat moderne.* Patrimoine et Développement dans les pays tropicaux. Pessac, DYMSET. Espace Tropicaux N°18. PP. 215-225

HALL, R. et Al., 2010. REDD : *les réalités noir sur blanc*, climat et déforestation. Les Amis de la Terre International. 27 pages. http://www.foei.org/redd-realités-fr.

HATCHER, J., 2007. *Communautés Locales, l'Enjeu Foncier, dossier forêts et changements climatiques.* Courrier de la planète, N°88.pp.49-51.

HERAUD, B., 2009. *Climat : comment lutter contre la déforestation dans les Etats fragiles ?* Les instruments du protocole de Kyoto. Mise en ligne le 07/07/2010. Novethic. 2 pages, http://rechauffement-climatique.novethic.fr/environnement-le-changement-climatique.

JODHA, N.S. *Ressources de propriété commune et dynamique de la pauvreté dans les régions arides de l'Inde.*

JOUVE, P., 2007. *Le jeu croisé des dynamisms agraires et foncières en Afrique Centrale.* Montpellier, cahiers agricultures. Vol. 16, N°. 5, pp.379-385.

Karousakis, K. (2009), « Promouvoir les avantages connexes liés à la biodiversité dans le cadre de la REDD », Éditions OCDE.http://dx.doi.org/10.1787/218787172420

KARSENTY, A., 2010 : *Que sont les PSE ?* Article écrit en dehors du CIRAD, 5 pages.

Karsenty, A. ; Pirard, P. (2007), Changement climatique : faut-il récompenser la « déforestation évitée » ? Natures Sciences Sociétés 15, 357-369. NSS Dialogues, EDP Sciences 2008 DOI: 10.1051/nss:2008003. Disponible en ligne sur : www.nss-journal.org.

KARSENTY, A., 2010. *REDD (« Déforestation évitée ») : le jeu reste ouvert.* Publié dans passages n° 164, annuaire des sites du CIRAD. 5 pages.

KARSENTY, A., 1999. *Vers la Fin de l'Etat Forestier ? Appropriation des espaces et partages de la rente forestière au Cameroun.* Politique africaine, N°75, pp.147-161.

KARSENTY, A., 2005. *Les enjeux des reformes dans le secteur forestier en Afrique centrale,* quel développement durable pour les pays en développement ? Cahier du GEMDEV n°30. CIRAD, département forestier. 21 pages.

KIRSTEN M., LESOLLE, D. et Al, 2009 REDD : *le rôle de l'utilisation des terres et de la foresterie dans l'atténuation.* 30 Pages.

KISS, A.C., 1996. *Aspects institutionnels et financiers de la protection des forêts en droit international* Droit, Forêt et Développement durable, actualité scientifique, AUPELF-UREF, Réseau droit de l'environnement, Bruylant Bruxelles. PP.433-445.

LANG, C., SUZUKI, R., OGLE, L. et Al., 2011. *Carbon Rights and REDD+,* networking for equity in forest climate policy. Redd-Net bulletin Asia- Pacific. 8 pages.

LARSON, A.; COBERA, E. ; CRONKLETON, P. et Al., 2010. *Rights to forests and carbon under REDD+ initiatives in Latin America,* infobriefs CIFOR n°.33, 08 pages.

LOCATTELI, B. et GARDETTE, Y., 2007. *Les marchés du carbone forestiers, comment un projet forestier peut-il vendre des crédits carbone ?* ONF International, CIRAD. 71pages.

Loi N° 96/12 du 05 Août 1996 portant loi cadre relative à la gestion de l'environnement.

Loi N°94/01 du 20 Janvier 1994 portant Régime des Forêts, de la Faune et de la Pêche.

LYSTER, R., 2011. *REDD+, transparency, participation and resource rights: the role of law,* ScienceDirect, Environmental science & policy 14 (2011). pp. 118-126.

Macey K., Lesolle D., Hare B., et Seburikoko L., 2009, REDD: Le rôle de l'utilisation des terres et de la foresterie dans l'atténuation, ECBI (European Capacity Building Initiative) rapport de politique générale

MARGARET S., et EVELINE T., 2010 Understanding permanence in REDD, K: TGAL policy paper n°6, 11pages.

MATHIEU, P. et FREUDENBERGER, M., 1995. *La gestion des ressources de propriété communautaire*. Action Locales enjeux fonciers et Gestion de l'Environnement au Sahel, les cahiers du CIDEP, l'harmattan, P.60-74.

MATHIEU, P., 1995. *Le foncier et la gestion des ressources naturelles,* Action Locales, enjeux fonciers et Gestion de l'Environnement au Sahel, les cahiers du CIDEP, l'harmattan, P.46-59.

MBAIRAMADJI, J., 2009. *De la décentralisation de la gestion forestière à une gouvernance locale des forêts communautaires et des redevances forestières au Sud-est Cameroun*, VertigO- La revue en sciences de l'environnement, vol.9, n°.1, pp. 1-9.

Mckean, M. et Ostrom,E. *Régimes de propriété communautaire en forêt : simple vestige du passé ?*

MENGANG, J. M., non daté. *L'évolution de la politique des ressources naturelles au Cameroun*, région du fleuve sangha Yales f&es bulletin n°.102, pp. 260-270.

MERLO, M. *Aménagement des ressources forestières communautaires dans le Nord d'Italie : profil historique et socio-économique.*

MICHON, G., DE FORESTA, H. et LEVANG, P., 2000. *Des forêts aux jardins (Sumatra, Indonésie).* Du bon usage des ressources naturelles, IRD, Paris, Collections 23. P.223-239.

MINEP, 2008. The Forest Carbon Partnership Facility, *Readiness Plan Idea Note* (R-PIN) Cameroun. 32 pages.

MINFOF, 2008. *Manuel de procédures d'attribution et normes de gestion des forêts communautaires*, 64 pages.

Mission conjointe B.N.C (brigade national de contrôle) du MINFOF et Observateur indépendant au contrôle et suivi des infractions forestières (RE M), 2007. *Rapport de l'observateur indépendant N°.79, Forêt Communautaire GIC COVIMOF.* 9 pages.

MOIZO, B., 2000. *Déforestation et dynamiques migratoires (Madagascar).* Du bon usage des ressources naturelles, IRD, Paris, Collections 23. P.169-185.

MUBARIQ, A. et Al., 2008. *Au-delà des mesures REDD. Le rôle des forêts dans le changement climatique,* déclaration de l'initiative FFC. TFD (The Forest Dialogue). 51 pages. www.theforestdialogue.org.

NYAMA, J.M., 2001. *Eléments de droit des affaires,* Cameroun-OHADA. Presses de l'UCAC, nouvelle édition. 266 pages.

PARKER, C., MITCHELL, A. et Al., 2008. *Le petit Livre Rouge du REDD,* Guide de propositions gouvernementales et non gouvernementales visant à réduire les émissions liées à la déforestation et la dégradation des forêts. Global Canopy Programme ; 119 pages.

PARKINSON, P. et WARDELL, A., 2010. *Legal Frameworks to support REDD Pro-Poor Outcomes,* The Center for International Sustainable Development Law and the International Development Law Organization (CISDL & IDLO), Working Paper Series. 06 pages.

PELESSIER, P., 1980, *la fonction et le signe, l'arbre en Afrique Tropicale,* Cahiers ORSTROM ; Paris séries sciences humaines, n° 3-4, volume XVII.pp 122-130.

PETKOVA, E., TONI, F. et Al., 2010. *Governance, forests and REDD+ in Latin America*, infobriefs CIFOR n°.28, 08 pages.

PIRARD, R., 2008. *Lutte contre la Déforestation (Redd) : Implications économiques d'un financement par le marché,* IDDRI (Institut de Développement Durable et des Relations Internationales), Idées pour le débat N°20/changement climatique, 12 .Ppages

REDD+ SES.2010. Standards Sociaux et Environnementaux pour REDD+, 18 pages. www.redd-standards.org.

Roe D., Nelson, F., Sandbrook, C. (eds.) 2009. Gestion communautaire des ressources naturelles en Afrique – Impacts, expériences et orientations futures. Série Ressources Naturelles no. 18, Institut International pour l'Environnement et le Développement, Londres, Royaume-Uni. 241 Pages.

SAURA, B., 1996. *Entre coopération incitative et inter-gérance écologique : les prémisses de la protection internationale des forêts tropicales* », Droit, Forêt et Développement durable, actualité scientifique, AUPELF-UREF, Réseau droit de l'environnement, Bruylant Bruxelles. P.447-481.

SCHLAMADINGER B., 2007. *Permanence and REDD activities: possibles solutions and how they may impact private-sector investment,* Terra Carbon LLC., Bali, 10 pages.

SCHMITHUSEN, F. et BOURIAUD, L., 2005. *Allocation of Property Rights on Forests through Ownership Reform and Forest Policies in Central and Eastern European Countries,* Forest policy and Forest Economics Institute for Human-Environment Systems Department of Environmental Sciences. Working Papers International Series, Swiss Forestry Journal 156(2005) 8: pp. 297-305.

Schutte, R. Djemetio, A., (2009), Réduction des émissions liées à la Déforestation et à la Dégradation des forêts dans les pays en voie de développement, l'UNU-IAS, université des Nations Unies Institut d'études supérieures. 72 pages.

SIKOR, T., STAHL, J., et Al., 2010. *REDD-plus, forest people's rights and nested climate governance*, Forthcoming in Global Environment Change, Vol.20, n°.3, 4 pages.

SIMONET G., 2011, *Conference Climatique de Durban: l'enjeu de la mesure des flux de carbone forestier,* Serie Information et Débats, les cahiers de la Chaire Economie du Climat N°12, novembre, 32 pages.

STEPHEN, P., 2009. *Cours d'instruction sur le dispositif REDD- Réduction des émissions liées à la déforestation et à la dégradation des forêts : Manuel de formation.* IDSS Pty Ltd pour The Nature Conservancy. 113 pages.

Stratégie de collaboration programme ONU- REDD 2011-2015. 24 pages.

STRECK, C., GUTMAN, P. et Al., 2009. *REDD+ Evaluation des choix institutionnels, élaborer un cadre institutionnel efficient, efficace et équitable pour le mécanisme REDD+ dans un le cadre de la CCNUCC.* Méridien Institute. 29 pages.

SVEN W., 2009, *Comment traiter les fuites, chapitre 7, in faire progresser la REDD : Enjeux, options et repercussions*, CIFOR, BOGOR, INDONESIE PP. 79-92

TAKACS, D., 2009. *Forest carbon-Law +property.* Conservation International, Arlington VA, USA. 77 pages.

Thomson, J.T. et Coulibaly,C. *Systèmes d'aménagement des forêts communautaires dans la cinquième région du Mali : résistance et vitalité face aux contraintes.*

TOPA, G., MEGEVAND, C. et Al., 2010. *Forêts tropicales humides du Cameroun, une décennie de reformes*, Banque Mondiale Washington DC, direction du développement : Environnement et développement durable. PROFOR. 193 pages.

www.fao.org Archives du département des forêts

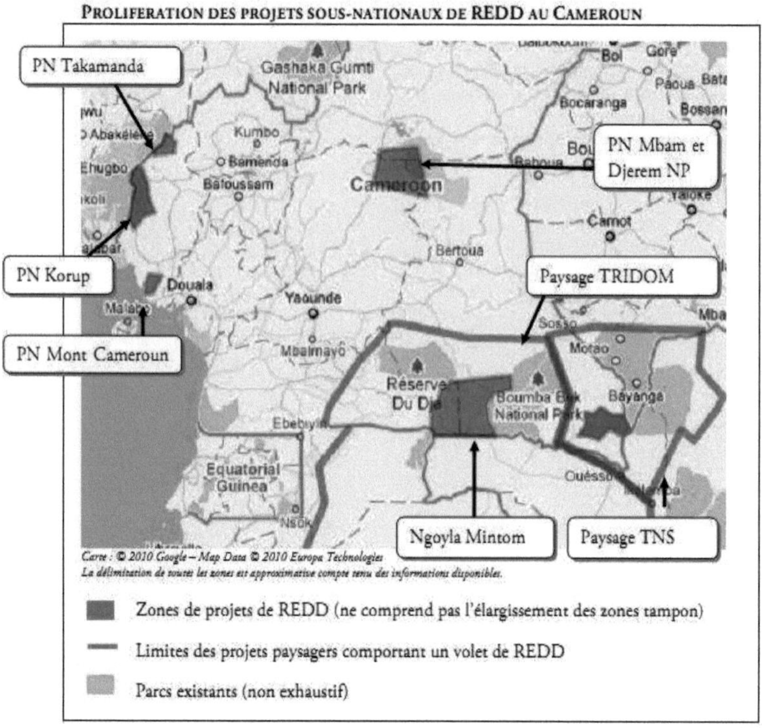

1- « Projet pilote de REDD » (GAF-AG et coopération allemande)

2- Projet de REDD+ du Parc national du Mont Cameroun (nom officiel inconnu) (la coopération allemande et le WWF)

3-Projets de la WCS 1-Parcs nationaux de Mbam et de Djerem (nom officiel inconnu)

4- Parc national de Takamanda « Conservation des paysages abritant les gorilles de la rivière Cross : Expérimentation d'une approche paysagère de la réduction des émissions dues à la déforestation et à la dégradation des forêts (REDD) »

5- « CBSP – Conservation et exploitation durable du massif forestier de Ngoyla Mintom » (Banque mondiale)

6- REDD+ à Ngoyla Mintom nom officiel inconnu) (WWF)

7- TRIDOM Cameroun (PNUD, FEM, WWF)

8- « Paysage du Tri-National de la Sangha (TNS) » Coopération multisectorielle et financement durable pour la conservation transfrontalière dans le Bassin du Congo »

9- « Projet de REDD+ pour les zones d'appui du Parc national de Korup »

I want morebooks!

Buy your books fast and straightforward online - at one of the world's fastest growing online book stores! Environmentally sound due to Print-on-Demand technologies.

Buy your books online at

www.get-morebooks.com

Achetez vos livres en ligne, vite et bien, sur l'une des librairies en ligne les plus performantes au monde!
En protégeant nos ressources et notre environnement grâce à l'impression à la demande.

La librairie en ligne pour acheter plus vite

www.morebooks.fr

SIA OmniScriptum Publishing
Brivibas gatve 1 97
LV-103 9 Riga, Latvia
Telefax: +371 68620455

info@omniscriptum.com
www.omniscriptum.com

FSC
www.fsc.org
MIX
Papier aus verantwortungsvollen Quellen
Paper from responsible sources
FSC® C105338